小さな暖簾の奥で

御粽司・川端道喜とわたし

川端知嘉子

淡交社

まえがきにかえて

「道喜さん」と、なんとなく持ち上げてもらっていながら、私は相変わらず出来るだけ壁のシミになろうとしている自分を感じている（た）。十四代（先々代）が発足にも携わった百味会《ひゃくみかい》の七十周年記念の会場でのことである。伝統の京の味を守り抜こうと御料理、御菓子、嗜好品の老舗が集う五年に一度の催しは、台風が近付く生憎の天候にもかかわらず、和装の来訪者も多くて建仁寺の会場を華やいだものにしていた。

五年に一度とはいえ、「何を出展しよう?!」と相談しても、職人さんとていない店は皆各々忙しく、出来るだけ店の仕事に支障ない、一人でも用意の出来る出しものに落ち着く。五色の糸の献上粽、朝顔の茶事にまつわる、道喜宛の利休さんからの書状（軸装レプリカ）、今回の「御朝物《おあさのもの》」は私が関わってから二度目の展示となった。

もう余力のない末期の室町幕府に代わって、御所の警備から修理、掃除など、御所西に住まう六丁《（町）》衆がお世話をしていた。

源頼光の郎等、渡辺綱の流れをくむ渡辺進四郎左衛門が武士を捨て、上京区正親《おおぎ》町《まち》にて餅屋を創業。一五一二年、餅座の権利を取得して（「京餅座あて室町幕府奉行人奉書」による）、この六丁の長をも務めていた。この渡辺進が川端家の創業者である。同郷の鳥羽より中村五郎左衛門が進の娘婿として迎えられ、餅屋継承後、渡辺彌七郎と変名、後に剃髪入道して、世襲名となる初代道喜を名乗ったとされる。

創業の頃より、毎日の朝食として、御所に献上し始めたのがこの「御朝物」だった。「少量の塩を加えて、茹でた小豆を潰したものを、一口大の餅を芯にして、野球ボールよりやや大きめに丸める」と教わった。幕末の有職故実家、下橋敬長が「決して美味しいものではございません」と言っているが、以前、取材の折に試食したものは、小豆や添えた敷砂糖（古式原糖）の素材の味が新鮮で、けっこう美味しいと感じた記憶がある。現代の加えて重ねて作られる味に慣らされている舌が、道喜のいわゆる引き算の味を確認した時でもあった。初代当時、御所の状況を案じて奈良吉野より献上された葛粉を用いての粽作りも最後に湯がく工程で、殺菌作用の他、より一層の香りを得、味は角がとれてやさしく上品になる。五百年前に既に道喜の味が誕生していたとも言える。

御所建礼門の東百歩ほどの所に、今も残っている道喜門をくぐって、天皇お住まいの庭先まで三百五十有余年、明治二年（一八六九）、天皇東行の前日まで、「御朝物」は毎朝献上された。織田信長入洛以降、さすがに徳川の時代には実際の朝食としてのご用意ではなくなったが、各代の天皇が皇祖の窮乏の時を偲ぶ「朝餉《あさがれい》の儀《ぎ》」として続けられた。

武士階級が一日三食の時代、公家は二食だったらしく、後柏原天皇（一五〇〇～二六在位）が「御朝はまだか」とせっつかれたエピソードまで残っている。即位式の準備もままならず、続く後奈良天皇や正親町天皇あたりまでは実際に召し上がっていたらしい。この窮乏の時を過ごされた三代の天皇からのご宸筆に加え、初代道喜が天正二十年（一五九二年、利休自刀の翌年）に亡くなった時には、後陽成天皇から「南無阿弥陀仏」というご宸筆まで頂いている。

菊の御紋をあしらった三重の御唐櫃《おからびつ》に入れられた六個の御朝物が、水干烏帽子《すいかんえぼし》姿の道喜によって届けられる様子を観光客が見ていたという記述も残されている。
また道喜の竈《かまど》の火は天皇の食べ物をつくる火だからそれが一番清火であるとして、明治天皇の産湯《うぶゆ》も新たに道喜の火を火種として沸かされた。御所だけではなく、御神事のある神社の人々もいったん火を伏せて、新たに道喜の清火を使ったという。

財政逼迫状態の御所と京都の町衆の関係を不思議に思って、「天皇がおられる限り、京都は都《みやこ》として恩恵を受ける、そんな商人の欲が働いていたのでしょうか?」と朝尾直弘先生に尋ねたことがある。「いや、案外、ひとつの家族のように親しい感情があったのだと思います」という答えだった。「御湯殿上日記」には六丁衆が天皇間近の庭前で、太鼓を叩いたり、能狂言をしたりと娯楽にふけっていた様子が記録されている。思えば京都の人は天皇陛下ではなく、天皇さんと言う《(呼ぶ)》。覇権争いの末の、めまぐるしい権力者の交代を目の当たりにして、その時々の権力に深く入り込むことをせず、用心深くつきあいながら、御所を核の様にして町衆が高度に磨き上げ育てたのが京都の文化なのだろう。大きくなり過ぎると潰される。経済的余力は教養をつみ、美意識を深めることに使われた。

茶道のことも道喜の歴史のこともあまり知らないまま川端の人となった私は、川端の血筋に、高いスキルを持ちながら淡々と決して貪らない昔日の町衆のDNAを感じる、御所との関係の深い家でありながら、市民派運動の政治活動もしていた十五代は多くの文化人たちと交流し、私の教科書でもある『和菓子の京都』を著した。亡くなった主人の淹れてくれるコーヒーもお抹茶もとても美味しく、どこで覚えたのか料理も上手だった。主人の炊く餡を「凄かった！」とお褒め下さるお客様がおられたが、商売の拡張より、ジャズや文学に熱心だった。繁忙期に手伝いに来てくれたり、美味しい五目豆を煮てくれる義叔母も学生時代にクラリネットのコンクールで優勝するほどの腕前だったという。現在、中心になって手伝ってくれている義従妹も、我が息子や娘にも、たしかにこのDNAはしっかり受け継がれている。四百年の功績により、再三の東行を促されたにもかかわらず、「水があわん……」と十二代は大膳職に御所歳事に関する諸々を伝えて京都に留まる道を選ぶ。「正直なるべきは無論のこと、表には稼業大切に内心には慾張らず品を吟味して乱造せざる事」「声無くして人を呼ぶという意、味う事」という祖先伝来の遺訓は長い年月の内に、血の中にしっかり流れているのだろうか。

どう見ても和菓子職人にも見えないだろうし、商売にも向いていない私は、一つ一つ手の中で生まれる道喜の粽や菓子作りが、ずっと勉強してきた絵を描くことと似ていること、周囲の人々に恵まれたことで、何とかこの二十年を過ごすことが出来た。そして、この道喜の年月は、義父である十五代が「活性化の美名の陰に見え隠れする財界や特権者に、京のよすがは踏み荒らされ度くない。この町こそは我々の町なのだから。」と既に三十年前、京都が都市砂漠になっていくことを懸念していた気持ちを自分のものとして感じるまでに育ててくれた。

慣れない日々がついこないだの様でもあるし、遠い昔のことの様でもある。私自身のことなのか、誰か他の人の話なのか、確かに記憶しているのに実感がないほど、時は早く流れた。文章として記すことで、川端道喜での私の時間が目には見えないお菓子のように、両手の中で丸められた気がする。

小さな
暖簾の奥で

御粽司・川端道喜とわたし

目次

カバー・本文挿画
池田知嘉子

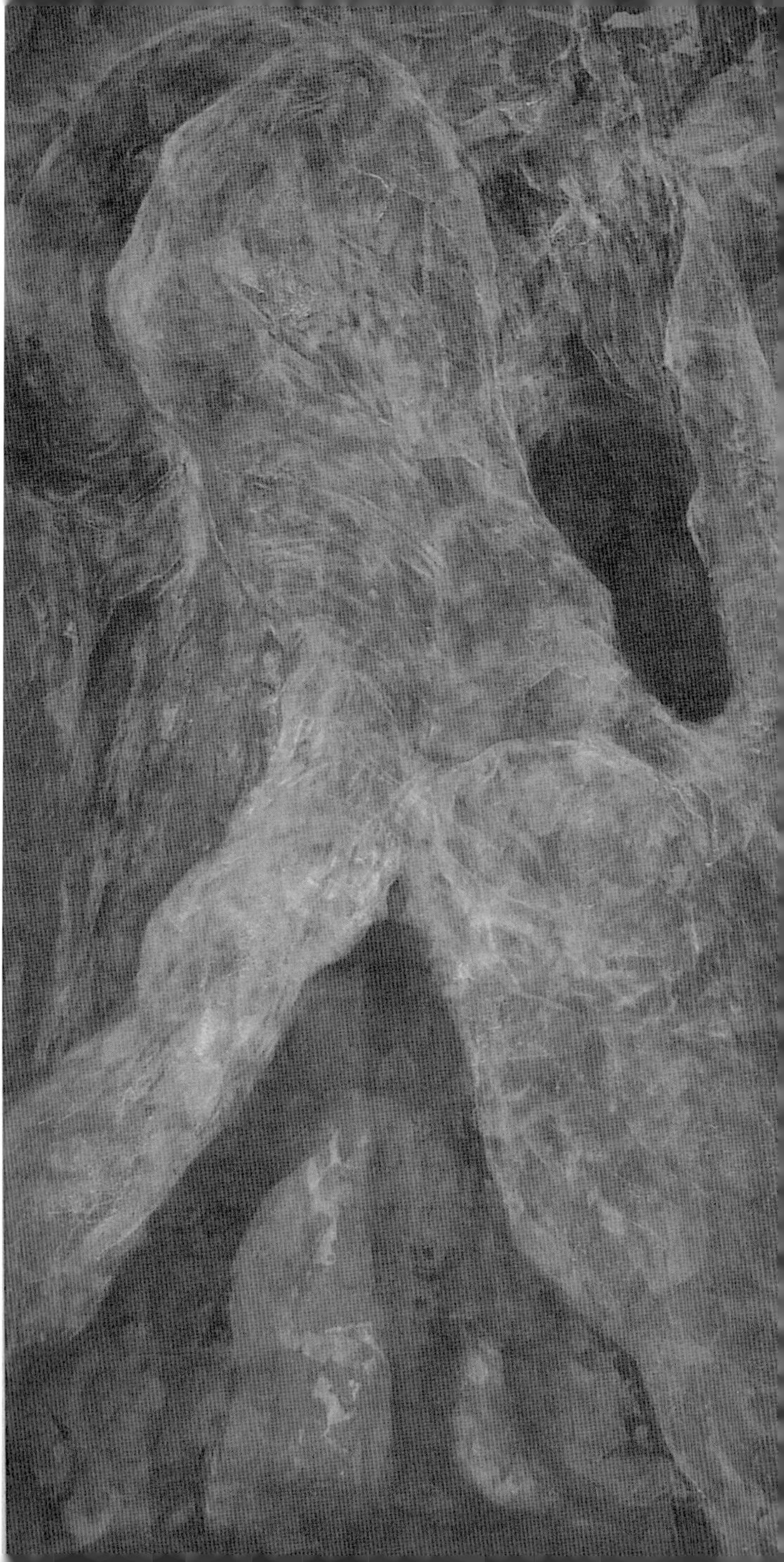

光を食べる

第一章

御粽司「川端道喜」の仕事

小さな暖簾の奥で

「御ちまき司　川ばた　どうき」と染め抜かれた、幅一・七メートルほどの黒い暖簾が掛かる、僅か十二坪の小さな店が現在の川端道喜である。

「大きくしたらあかんよ。老舗と屛風は広げたら倒れるから」と、親しい馴染みのお客様は店構えより品物を思って下さるが、初めての方には「ここでいいんですか?」とたいてい尋ねられる。設備と言えば、大釜とガスコンロの火種が二ヶ所、小さな湯沸し器と水道の蛇口。ボートのオールのような餡炊き棒が掛かっているくらいのものだ。「今時、どこのお菓子屋でも餡炊きの機械廻ってますよ」とアルバイトの青年も笑っていた。

昨年、色褪せた暖簾を替えようと、仕舞ってあった暖簾の包みを思い出し、拡げてみたのだが、出てきたのは三畳間ほどもあろう代物で、今の店にはどうしようもなく大き過ぎた。先々代の頃には御所蛤御門前、下長者町通龍前町○○番△△番合番地というくらい大きな場所で店を構えていたので、当時の店にはこれくらい大きい暖簾も必要だったのだ。棚からボタ餅ならぬ棚から仕事のようにして、店の仕事を引き継いだ畑違いの私には、今の小さな暖簾の奥で、手の中で一つずつ一つずつお菓子を作っていくのが精一杯で、大きな暖簾に見合った仕事では身も心も持たないに違いない。

「今時、ホームページのないお店があるなんて！　是非行ってみたいと思って……」と来られたお客様があった。実は、増えに増えた鹿の被害で良質の粽笹が不足し、粽の生産不足を生菓子の提供で補うようにした頃、お知らせ用にホームページを作りかけたこともあった。今となっては畳まれたパソコンの裏には、一人ひとりのお客様に直接お話しする方がうちの店には相応しいという気持ちが働いているようにも思う。小さいこと、不便なことを、ちょっと違った角度から応援して下さる有難いお客様を道喜は持っている。

小さな画面からスルスルと様々な情報が溢れ出す現在、外国の方も京都の片隅の小さな店を見つけて訪ねて下されば、道喜の商品を是非ネット販売したいという電話もかかる。お客様にお渡しするまで、少しでも硬くならないようにと膝掛けで覆ったり、二重に箱で保管したりと、結構、気を遣っている。ネット販売の話に少し気を悪くする私は、いつの間にか道喜の人間になっていた。

引き算の菓子

十六代だった主人が亡くなって十八年になるが、当時の不景気と店の状態を心配して、「日持ちのするお煎餅を作れば良い」とか「名前があるのだからもっと手広くすれば良い」とか色々アドバイスも戴いたが、自動包餡機で作るなら道喜が存在する意味はないと思ったし、教えてもらったお菓子は私の手の中で何とも美しく在り、粽作りにいたっては機械の入り込む余地など全く無い。丸く餡を包んだ餅は一本のヘラと指で、闇に深く光る紅梅にも、本物より本物らしいと思える青梅にもなる。一体、ご先祖の何方がこんなデザインを考え出したのだろう。

現代は、やたら説明と足し算で商品が出来上がっているように思う。極限まで簡素化され、すっきりしたデザインに至った祝儀袋やのし紙も過剰な装飾や季節の花の絵、風物の図柄で覆われる。小さなチョコレートが桐箱に入れられ、何重もの包装紙にくるまれ、捨てるに惜しいリボンが掛けられることもある。原材料の表示シールも添加物のカタカナで溢れている。硬くならない餅菓子はあり得ないはずだが、トレハロースのような材料も開発され、多くの品は長持ちと大量生産の工場ラインに拍車をかける。

時代に取り残されたように道喜の菓子は引き算で出来ている。初代道喜が応仁の乱後の疲弊した御所に、吉野より献上された葛を使って創り上げた羊羹粽や水仙粽は、この引き算を続けて四、五百年にもなる。巻き上げた粽を最後に湯がくことで、葉の青さは少し控え目に落ち着く。とがった甘みも笹の香りを取り込むと同時に、湯に溶けて柔らかな甘みになる。表示シールも「餡・砂糖・葛」「砂糖・葛」といたってシンプルだ。生菓子も、餡、砂糖、餅粉あるいは道明寺粉に色素が加わる程度のものだ。その色素も極力天然のものを使っている。

若い日、外国を旅して強く感じたのが日本の庭や建築物に表される美意識の違いだった。幾何学的に刈り込まれた左右対称の庭に対峙する石、砂、苔の庭。豪華に装飾を重ねられていく宮殿と藁壁に小さな窓の茶室。日本の美には足し算ではない、説明ではない、感覚の中心にドンと浸み込んでくる哲学がある。

もう四十年以上も前のことになるが、上賀茂神社近くにあった川端道喜に、私は父の使いで粽を買い求めに行っていた。土壁と古ぼけた門、陳列品も人の気配もない店内。座敷の向こうに少し庭が覗いて見えた。異界のような静かな空間はとても魅力的だった。

「ここでいいんですか？」「ここだけですか？」とお客様に尋ねられる度に、寒紅梅や青梅や袴腰など、私の大好きなお菓子が喜んでくれそうな、小さくても美しい空間を空想したりもするが、新しい袋を開ける度に、餅粉に翻弄されているようでは店構えどころではないといったところだ。

左頁写真
上賀茂神社の近くにあった当時の
川端道喜の門

起請文の教え

神様の悪戯か縁としか言いようがなく、たまたま十六代に嫁いだ私は、まだ道喜に伝わるお菓子を作るのが精一杯で、その美しさに自負があるというより、部外者的に感心しているのが現状である。絵画しか勉強してこなかった畑違いの私が何とか店を続けていられるのは、この手の中で生まれる小さな美を味わえる喜びと、人に恵まれたこと、そして起請文の内容に支えられてのことだ。「正直なるべきは無論のこと、表には稼業大切に、内心には欲張らずに品を吟味し、乱造せざること」「声なくして人を呼ぶという意　味ふ事」云々。声なくして人を呼ぶというのは「宣伝をして人を呼ぶのではありませんよ」という意味である。今は宣伝、情報の時代。自分の感性が受け取ったものが、自分自身に届く前に、情報は自分自身の意見や感性のような顔をして歩き出す。誰が、何が仕掛けているのか私にはわからないが、情報のもとに人は行列を作ってしまう。

起請文が伝える内容は何とも時代と逆行するものだが、ここには忘れてはいけない、特に京都のように永く古い文化を培ってきた地では、失ってはいけない哲学、心があると思う。

※起請文……27頁参照

京都で生き続けて

京都には御所を中心に永々と技や美を磨き続けてきた時間がある。川端道喜には年表に載る表の歴史の少し水面下で、京都を生き続けてきた時間がある。

川端道喜の歴史書とも言える「家の鏡」には、招かれて利休宅を訪ねる初代道喜の姿があるが、利休晩年の茶会記「利休茶湯百会記」にも、織田信長が入洛している時代の京都所司代・前田玄以たちと共に茶会に招かれている初代道喜の名前が見える。茶室という小さな空間で何が話されたのか、利休がお茶を点てる音だけがあったのか知る由もないが、京都の町を守るべく、町衆を守るべく、何らかの交流があったように思うのは、岩波新書『和菓子の京都』を著した十五代道喜だけではないと思う。

また、「家の鏡」には天皇のお住まいのほんの庭先まで、自ら朝食となる「御朝物」をお届けする道喜の姿も描かれている。応仁の乱の最中、乱れた兵たちが道喜の店内に押し入り、粽を盗んだり、家の御飯を貪り食っていたりする場面も登場する。そして、その玄関先で家人が慌てて立てている木札には「ここは御所の御用をするところであるからみだりに入ってはいけません」と書いてあるのだと聞いていた。余談ではあるが、後日、木箱に仕舞われた、「家の鏡」に登場すると思しき黒い木札を、京都大学名誉教授の朝尾直弘先生に読んでいただく機会を得たのだが、そこに書かれた「ここは私有地につきみだりにごみを捨てぬよう、云々。享保〇〇年〇月」との内容に大笑いしたことがある。それはそれで、享保の人々の、現代とさして変わらぬ暮らしぶりを見たようでとても面白いと思う。

大山崎の合戦では、明智方にも秀吉方にも陣中見舞いの粽を届けている。その時、明智光秀は粽を笹ごと食べる慌てぶりで、先の短さを悟られたというエピソードは、歴史好きのお客様には良く知られているところだが、我が家では茶心のある光秀のこと故、笹を扇型に広げて口元を隠して食したのではないかと説明している。先の『和菓子の京都』で、この粽は道喜粽ではなく、謀反前に愛宕山で光秀が催した連歌の会での愛宕粽ではないかと十五代が書いているが、いずれにしろ、明智光秀も豊臣秀吉も大切なお客様だったわけで、戦に明け暮れる権力者たちから少し距離をとったところで、何とか京都の町を平和に守ろうとする町衆の姿が感じ取れる。度々の戦乱で京都の町が焼かれている時も、町衆は上京、下京とそれぞれ被害の少ない地域の者が、被害の多い地域を食料・物資などの面で互いに助け合っていたとも聞いている。京都のことなど、取り立てて考えたこともない私だったが、道喜を入り口に京都の行く末を心配する京都人にもなってしまった。どうも最近の京都は「京都」というブランドを上手く利用する資本に掻き回されて、「京都」というテーマパークのようになってしまった気がする。

東京遷都の折に川端道喜は同行しなかった。四百年に亘るご奉仕を思えば、同行すれば大切にしてもらえただろうに、十二代は明治四年と六年に東京に出向き、「御定式御用品雛形」「月々御定式御用控」の写しを宮内省（当時）にお渡しし、宮中歳時に関する餅、菓子の作り方、飾り方、盛り方を大膳職に伝授して京都に帰る。度々の宮内省をはじめ有力者の東京移転の勧めを断り続けた十二代は、永々と高い技術を伝え、文化を守り続ける人々が生活する京都を、町衆の長として離れるわけにはいかなかったに違いないが、「水が合わん」とか言って、何とも軽やかに帰って来たらしい。技も伝統も、それぞれの人の手の中に、心の中にある。それが京都だと思うし、その文化の一隅を守るべく、しかしながら、そう肩を張らずに代々の道喜は店構えは小さくなりながらも家業を継いできたのだ。

人に支えられ、人に恵まれ

期末試験の最中でさえ、徹夜で仕事を手伝ってくれたアルバイトの学生さんたち。不慣れな催事の折、足りなくなった粽を持って、四条の地下道を他社のデパートまで走って下さった店員さん。いつも店先のお茶花を気にかけて届けて下さるご近所のお婆様。「菓子、作り乍ら、楽しんで自由に絵を描いたらいいんやで」としょっちゅう電話で励ましてくれた恩師。娘のように色々と気遣って下さる年配のお客様。私はこの十八年の道喜を人に支えられ、人に恵まれて過ごして来た。

それまで大きな茶会ぐらいにしかご提供出来なかった生菓子も、粽の笹葉不足を契機に、多くのお客様にお渡し出来るようにもなったし、長らくお世話になった粽の巻き手さんが体調の都合上、辞められたことで、粽も自分たちで巻くようになった。十五代の妹である叔母が粽巻きの技術を保持していることがわかり、その技術を受け継いだ従妹の協力で、私は随分楽になった。

今年の御菱葩は、二十代の娘から、八十代の叔母まで、各年代の女性に男が一人、息子も加わって、親族での賑やかな労働となった。その時々の危機が、反対に私を鍛えてくれたし、永々と続く川端家の繋がりも深めてくれた。

環境の変化や時代の流れに、あたふたと抗いながら、小さな暖簾の奥で、心と手を精一杯働かせていくしか私には出来ない。

御粽司「川端道喜」の和菓子

小さいこと、不便なことを、ちょっと違った角度から
応援して下さる有難いお客様を道喜は持っている。

第一章より

裏千家の初釜式で供される、裏千家十一代玄々斎好みの「御菱葩」。玄々斎と十二代道喜とによって、天皇からの正月恩賜の配り物であった「宮中雑煮」をもとに考案された。

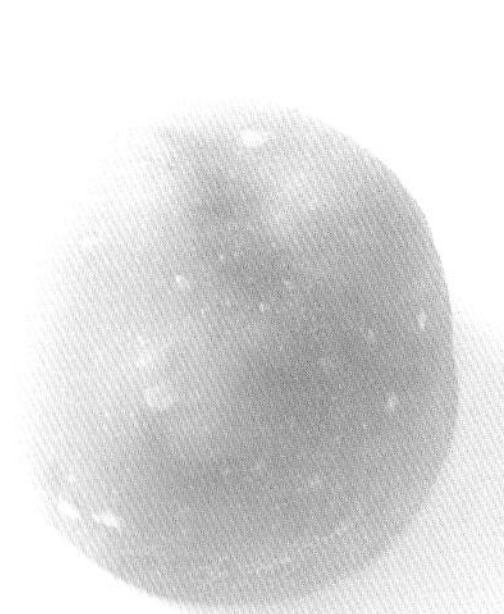

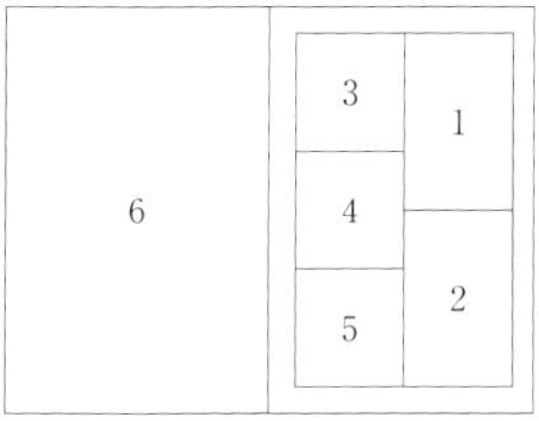

1　寒紅梅
2　水仙粽
3　時雨餅
4　龍田餅
5　銀杏餅
6　包み紙のデザインにも用いられている
「起請文」

土の子供たち――絵を描くということ

名前しか知らない少女の存在が、
一生思考の背骨になることだってある

第二章より

上　著者が二十代の半ば過ぎに数ヶ月滞在していたアルジェリアにて、現地の少女達と。

左頁　アルジェリアの少女ルイザを描いた「ルイザの世界」。

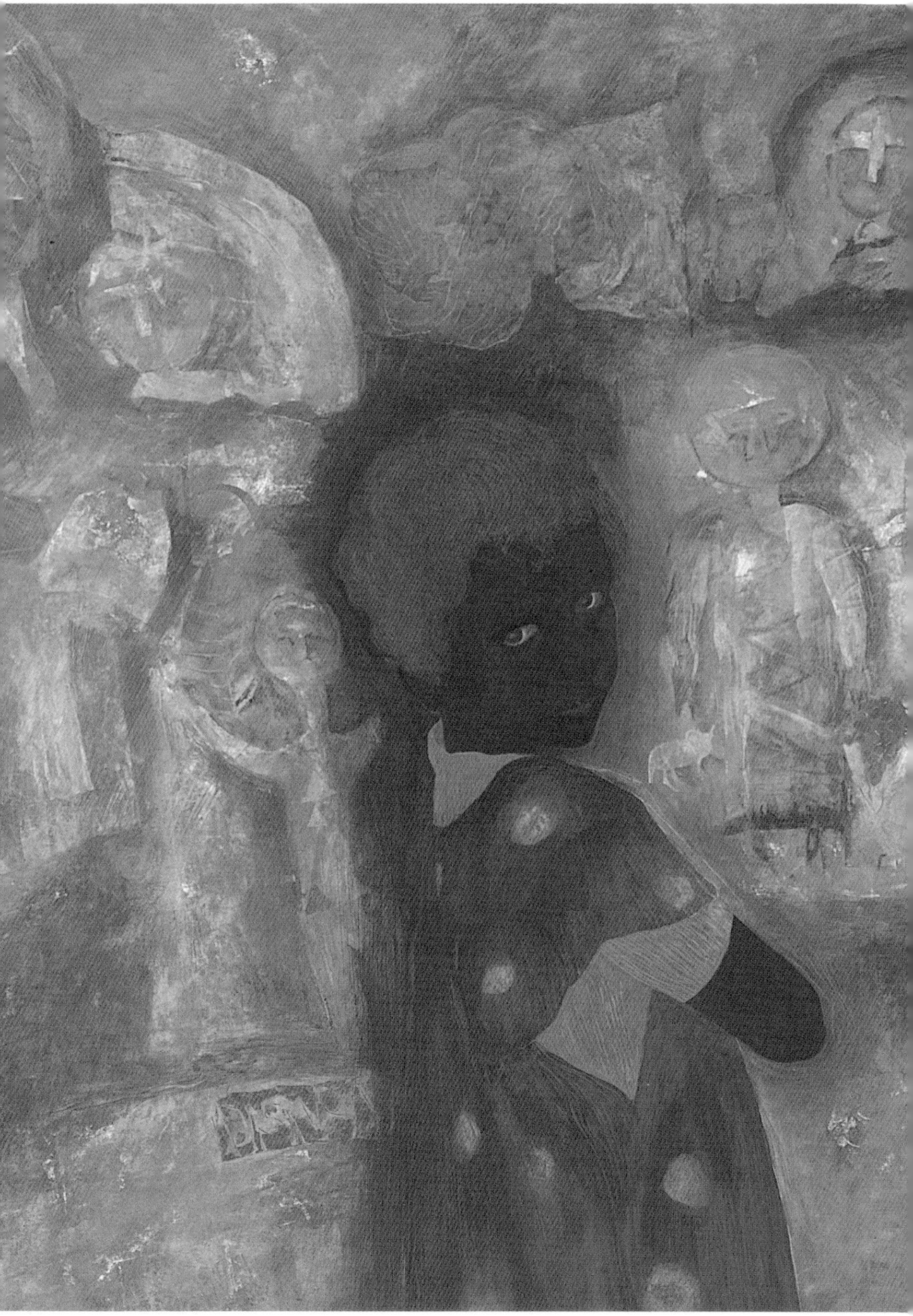

遠い記憶

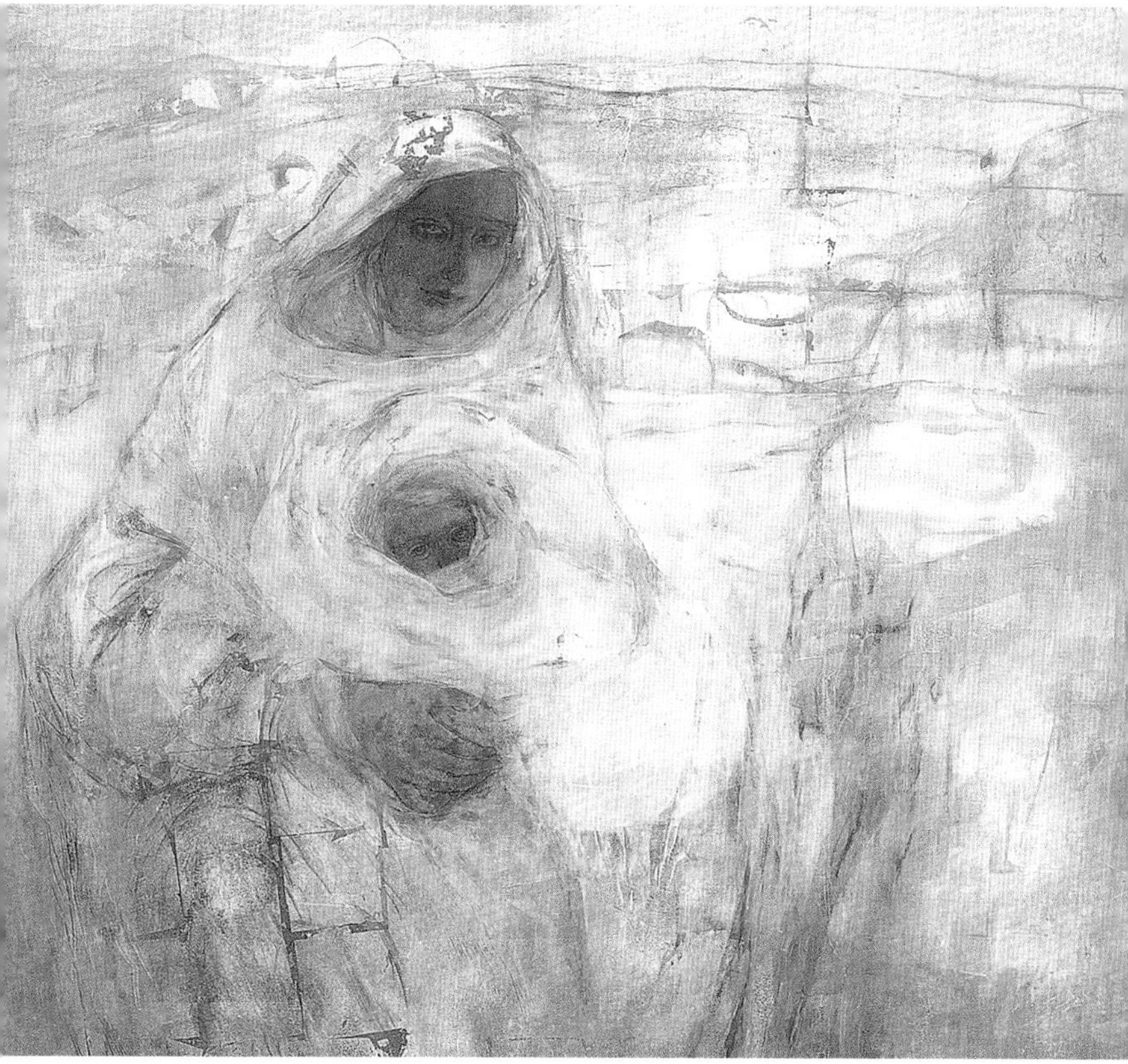

国境

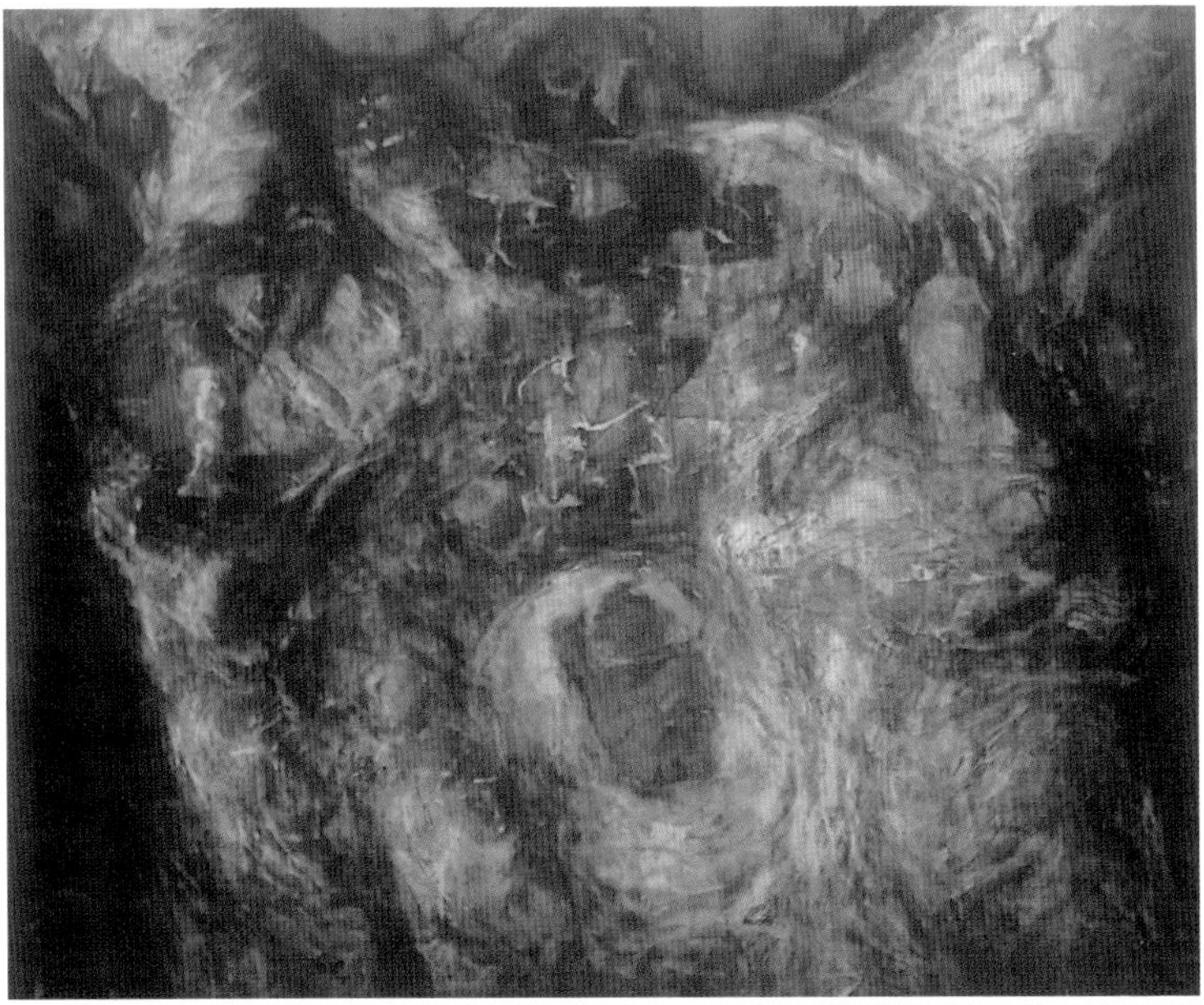

上　千年の営／下　千年の痕

第二章

川端道喜とわたし

一月の風景

土の子供たち

名前しか知らない少女の存在が、一生思考の背骨になることだってある。背骨というよりは、私という身体を作り上げている三十七兆個とも言われる細胞の、その膜のような感じだろうか。

二十代の半ば過ぎ、私はアルジェリアの小さな町に数カ月滞在していた。砂漠からのシロッコの熱に、うなだれるように立つ枝振りの悪い木と、畑でも原っぱでもない、何もない、ただの大地だけがあった。一体、何処《どこ》でその開花の時をじっと待っていたのか、通り過ぎるように降った雨の後に、地面いっぱいに、一斉に小さな昼顔の花が咲いた。あまりにとりとめのない風景に、私は手も足も出せず、一枚のスケッチも出来ずにいた。

ホテルの窓から、積木の様な小さな家々がへばりつく、黄土色の丘が町の向こうに見えた。

美しかった——。

「どんな所だろう?」「危なくないだろうか?」側面に四角く夕陽を受けて輝く積木の丘を、何日か見ている内に、私は覚悟を決めた。

見慣れぬ東洋人への遠慮のない視線を全身に感じながら、階段状にせり上がっていく町を左右に振り分けて、一筋まっすぐに伸びるメインストリートを抜けて土の丘の麓《ふもと》に着いた。緊張した脇に、スケッチブックをしっかり抱えていた。

積木の家は近くで見ると、木片や枝や布で作られた粗末なものだったが、丘の入口あたりに一軒だけコンクリートの家があった。誰の土地なのか、入ってよいのかもわからない。「ボン・ジュール。ジュ・プ・デシネ・イスィ?」道の名の看板さえ、フランス語をわざわざペンキで塗りつぶして、読めないアラビア文字に書き換えられていたが、皆、フランス語を話した。「ここでデッサンしていいですか?」と聞いたつもり——。陽だまりの匂いのするようなお婆さんに一言断って、土の丘を描いた。

嬉々として高なる心と裏腹に、少しもまともな線は引けない。地べたに座ってスケッチする私に、スカーフをした先ほどのお婆さんが「これを敷いたらいいよ」とムートンを持って来てくれる。そしてお婆さんの後ろから、天使のような女の子が、はにかむように微笑《わら》って、揚げパンをさし出してくれた。それがルイザだった。蝿が黒々とたかって売られているのを街角で見かけたけれど、その揚げパンを「メルシー、メルシー・ボークー」と私は食べた。

毎日のように、好奇の視線に耐えて、私は積木の丘に通った。まともなスケッチは一枚も描けないままだったが、それでも何か私の心の内は、溢れるほどの贈りものでいっぱいだった。

土地に慣れてくると、丘に行かない日は、原っぱの子供たちとも遊ぶようになった。屑を丸めて作ったボールを追いかけて走る子供たち。大地と、土と、同じ色をした裸足の子供たちは、見なれぬ余所者《よそもの》に興味津々でスケッチどころではなくなった。帰国の時に皆で歌ってくれた唄を私は忘れない。大切なはずの花飾りのついたへアーピンもおみやげにくれるという。写真があるからかも知れないけれど、四十年以上経った今も、子供たちひとりひとりの顔を不思議なほど覚えている。

小枝をゆするようにして遊ぶ小鳥たちは、飛びたったかと思うと急降下して、地上一メートル程の所でバタバタ羽を震わせて、柔らかく地上に降り立った。大きな鳥は羽を大きく大きく広げて、地中海の風を悠然と楽しんでいた。決して絵ハガキにならない風景の中で、子供たちも鳥も花も、生き生きと輝いていた。

その中に、小さなブリキのバケツで玉子を売るガニヤがいた。土埃に汚れた少し大きめの洋服から、細い脚が大地に突き刺さるように出ている。モジャモジャ頭の下の大きな瞳から強い視線を送ってくる。時々しか出さない低くハスキーなガニヤの声を、いかにも性格の良さそうな姉のシュフィアは「ガニヤは恥かしがりやなの」と説明した。

大地と、土と同じ色をした子供たち。あの湧くように咲く小さな花々と同じように、大地そのものが少女の姿になって生きているようだった。出会った少女たちの多くは、また同じように大地と同じ肌色をした子供を産み育て、やがて大地に帰っていくのだろう。神がアダムを他の何物でもなく、正しく土から創られたという聖書の一節が素直にわかった気がした。土と人間の係わりの深さを、いや土そのものかも知れない人間を感じずにはいられなかった。

——いつか描きたい。いつか描けるだろうか——。

「縁」というのだろう。その数年後、「他に仕事をもっている人の方がいいから、絵を描いていていいよ」と、私の生家近くに移転してきた川端道喜の十六代に、道喜の仕事についてあまり深く考えないまま嫁することになった。育児と、家族とバイトさんの食事の世話はしていても、経済効果のない絵を描くのは何となく気が引けた。

しかし、人生何が起こるかわからない。息子がまだ十二歳の時に、夫である十六代が病に倒れたのだ。その三カ月後、夫は幻のように逝ってしまった。下の娘はまだ七歳だった。

このアルジェリアの話を活字にしてもらえる頃は、ちょうど、もうすぐ始まる御菱葩《おんひしはなびら》の季節に、覚悟にも似た重い気持ちを抱えている時季だ。畏れ多くも、私の道喜での本格的な仕事は、この御菱葩のみそ炊きから始まった。夫が辛い身体をおして、火加減やら混ぜ方やら、火を止めるタイミングなどを教えてくれた。文句や弱音を何も言わない人だったけれど、座ったままでいたのはよほどしんどかったのだと思う。二度ほど立ち会ってもらって、「もう一人で大丈夫やから」と言ったものの、全体量を自分の力に合う量に加減すれば良いことに思い至らないほど、私は緊張していたのだろう。大きな打ち出しのゆき平鍋に溢れそうな甘みそを「神さまぁ〜」なんて言いながら炊いたけれど、今思えば、よく持ち上げられたものだと思うほど、ほんとうに確かに重たかった。

「これでいいですか?」と器に少量、自宅に持ち帰ったおみその色が少し濃かった気がするのは、「もうちょっと、もうちょっとかな」と頑張って炊いている内に、くどい味にしてしまったからにちがいない。

「去年のおみその量はちょっと少なかったことないですか？」「今年のお餅は特に美味しかったねえ」と、何故か御菱葩には毎年お客様からの声が聞こえてくる。お餅の作り方も、義母から習った方法は、大きな板に蒸したて熱々のお餅をのせて、めん棒で伸ばして円形にくり抜くものだった。やっとロスも少なく伸ばせるようになった頃、二代前は一個分ずつちぎった餅をひとつずつ、短い棒で一個大の円形に伸ばして作っていたと聞いた。試してみると、一見、手間のように見えるこちらの方が、むしろ早く、柔らかい内に製品化することができた。その代その代で、皆、より良い方法を試行錯誤しながら店を続けてきたに違いない。人手のない時もあれば、熟練した人がいる時もある。環境や状況によって、どういう方法が良いのか、小さな店ではいつも柔軟に対処していかないといけない。

数は随分作ったはずだけれど、気持ちは初めて甘みそを炊いた時とさして変わらない。じゅう分自信を持って店の仕事をしている訳でもないのに、絵など描く時間をもらって申し訳ないという気持ち。絵を描く時間をもらったから、明日は

御菱葩

店の仕事頑張りますという気持ち。店頑張って来たから、絵も描いていいよねという気持ち。絵の仕事だけでは見えなかったことも見えたと思う。絵を描くことを諦めていたら、絵のことしかして来なかったそれまでの時間を、どう自分の心に納得させていいのかわからなかったとも思う。

ルイザやガニヤ、アルジェリアの大地から受け取ったものを、身体の細胞で感じながら、いつか作品にしたいと願って、また明日は店の仕事をしよう。

アルジェリアの子供たち

二月の風景

子供の力

「私たちは子供にこう教えるのです。『地上にやってくる時には物音をたてずに鳥のように静かに降りたち、やがて何も跡も残さず空に旅立っていくのだ』と。『人は何かを成すために存在する』という西側哲学は銅像を作り、人の偉業を記録に残そうとしてきた。だけど、〝人は何もしないために存在していてもいいじゃないか〟、と思うのです。生命を受け、生きていること自体が素晴らしいことなのですから」

長倉洋海《ひろみ》さんのエッセイ『鳥のように、川のように―森の哲人アユトンとの旅』の扉に書かれていた文章は、父親を亡くした私の子供たちに、その父親の役割をどう担えばよいのかと思っていた私を、やさしく勇気づけてくれたのだった。

テレビ放送開始から、小学生の時にオリンピック、高校で大阪万博。日本の高度成長期とともに、「大きいことはいいことだ」というスローガンの下に、私は子供時代を過ごした。小学校の教室には「元気で明るく素直な子」なんて言葉が必ずといっていいほど大きく書かれていたものだ。私の希望は月光仮面か絵描きさんだったが、将来何になりたいか、なんてアンケートに、多くの子供たちは大臣、大金持ち、社長、あげくは大統領まで無邪気に書いたものだった。そうは言っても、あくまで伸びやかだった気がする。

少し上の世代では集団就職を余儀なくされる地方からの若者達もまだまだ多い時代だったが、京都の少し町はずれの私の育った下鴨や松ヶ崎では、「もう、ご飯えー」と呼ばれる夕暮れまで、小さな子も大きな子も一緒になって遊ぶことのできる、ゆっくりした時代だった。三丁目の夕日はここあそこに沈んでいたのだ。今ではすぐに駐車場になってしまう空き地は春も夏も秋も冬も豊かな子供の遊び場を提供してくれた。用意された工業的な玩具はなくても、工夫することや見立てることで空想を膨らませることができた。

少し勾配のある畦《あぜ》道《みち》の土手に群生するりゅうのひげをかき分けると、時々、青

く光る小さな実を見つけることができた。まるで宇宙に浮かぶ地球を見た宇宙飛行士のように、青く美しい神秘の世界にしばらく浸ると、秘密を隠すようにそっと葉をかぶせては幸せな気持ちになったものだ。干してある稲束の匂い、足の裏の霜柱の感触、小さな小川の魚の背。ひとりひとりが身体全体の感性を風にさらして、自分の速度で成長できる時代だった気がする。

ランドセルの方が大きいような子供が「中学は○○に行って、高校は△△で……」なんて話しながら通り過ぎて行く。「今、がまんして勉強してたら、後で楽になるから……」なんて塾のカバンを持った兄妹が歩いて行く。電車の空席を素早く確保した少年がドリルを広げて計算を始める。夜の十時に塾帰りの子が地下鉄の駅からひとり帰って行く。計算したり、漢字を書いたりする子供の横で、ストップウォッチを持った先生が立っている……。

もう五十年近くも前に見たSFが頭に残っている。街頭のスピーカーから流れる公営放送の中に隠された超音波のメッセージに、人々が洗脳されていくというストーリーだった。自分で自分の道を見つける前に、それでは手遅れと、目に見えない力に押されるように、同じ価値観に沿って、群れて、足早に歩いて行くように仕向けられる。

立ち止まって、足元を深く見たり、空を見上げてぼんやり風に吹かれていたり、そんなことをしていたら置いていかれるよ、という強迫観念。そんな今と、自分の育った時代の質の違いに迷いそうな私は、森の哲人の言葉を忘れないようにとメモして、お守りの横にそっと入れたのだった。

二〇〇二年のオーストラリア映画『裸足の一五〇〇マイル』は、一九三一年当時、先住民アボリジニと白人の混血児を家族から隔離し、彼らの野蛮な風習をやめさせて、特に肌の白い子は優遇しながら徐々に白人化して、労働者に育て上げるという「保護隔離政策」の下、強制的に収容所に連れ去られた三人の少女の脱出の話だ。一五〇〇マイル（約二四〇〇キロメートル）をお母さんに会いたい一心で、馬や車で追跡する大人をかわして九週間も歩き続け、家にたどり着いたという実話。

この政策が大阪万博のあった一九七〇年頃まで続けられていたというのはショックだった。少女の、自然から学び身につけていた智恵は、大人たちの会話から得られる少しの情報も聞き逃さず、一本のフェンス沿いに、再会の兆《きざ》しを告げるように大空を舞う精霊の鳥に見守られながら、親子の絆をつないでいくのだった。

尊敬する王兵《ワンビン》監督の二〇一二年作品『三姉妹〜雲南の子』は、標高三二〇〇メートルの穀類も木も育たない村で生きる英英《インイン》十歳、珍珍《チェンチェン》六歳、粉粉《フェンフェン》四歳のドキュメンタリーである。母は既に家出をしていていない。父親は離れた町に出稼ぎに出て不在。近くに親戚はいても、ジャガイモを食べ、破れた靴を繕《つくろ》い、馬糞を拾い、信じがたいほど困難な状況の中で正に生きている姉妹の姿は、かつて観たどの映画よりも、私を説明しようのない濃厚な感情で満たし、それでも生きていく人間を突きつけて来るのだった。貧しさのために学校にも行けず、経済成長による恩恵などいっさい無く、希望も無く、それでも堂々と風に向かって立つ英英の姿に絶句するしかなかった。

二月は、道喜のお菓子の中でも、一番といっていいほど、そのデザインの美しさを感じる寒紅梅の季節だ。こんなお菓子を考案したご先祖に誇りさえ覚えるほどだ。

主人が亡くなった前後、小さな子供たちだけを深夜自宅に残しておくのも気が引けて、作業場に連れて行っていた。退屈しのぎにと、餡を丸く包んだ紅梅色の餅と竹ベラを娘に渡して、私も義母から習ったばかりの寒紅梅のへラ入れを「なっちゃん、こうするね」と教えたのだが、裏千家さんが、明朝早く受けとりに来られることを思ってか、私の寒紅梅にはどこか焦りの色がのぞいていた。その横で七、八歳だった娘は淡々と丁寧に、遊ぶというより、ちゃんと作業している。そして、その小さな手の中には「なっちゃん、それどうしたらいいね!?」とこちらが教えを乞うほど、美しく五弁に咲いた、たおやかな梅が出来上がっていたのだった。以来、ヘラを使って作るお菓子の時は「明日、手伝ってくれへん?」なんてことになっている。

現代社会は、人類全体の宝物であるはずの子供たちの芽を摘んでしまっていないだろうか?

消毒した箱の中に、大人の都合が良いようにきちっと並ぶことばかりを良しとしていないだろうか?

その生命を奪うことにすら鈍感になってしまっていないだろうか?

寒紅梅

森の哲人アユトンのように、生命を享《う》けて生きること自体が素晴らしいことだと言える世界を、我々大人たちは、豊かな力を内包している子供たちに残していけるのだろうか？

三月の風景

自然の声

　春は足元からやって来る。自宅から店までのたった三、四分の通い道にも、街路樹の根元や側溝の二センチばかりの隙間の土に、植物たちはちゃんと春に目覚めて顔を出してくれる。強い風が吹けばふっ飛んでしまいそうな可憐な花なのに、「オオイヌノフグリ」なんて可哀想な名前を付けられてしまった小さな青い花が、星のように群れて顔を出し始めると、私はもうそこにやって来ている春に嬉しくなる。冬が最後の力を振り絞るように、たまに雪の降ることはあっても、光は確実に春を告げている。

　近くの松ヶ崎浄水場の疎水沿いに続く桜並木、随分減ってしまったけれど松ヶ崎名産のお漬物にもなる菜の花の黄色の海。満開の春がすぐそこにあるのはわかっていても、小さな店の中で、「もう疎水の桜、咲き出してるの？　賀茂川は？」なんて他人《ひと》に尋ねなくてはいけないほど、和菓子屋の春は早く慌しく過ぎて行く。

御粽司《おんちまきし》だけに、端午の節句のゴールデンウィークが忙しいのは当たり前だけれど、お正月だって、二日か三日目に夜陰に乗じて初詣できれば上等。職人さんとていない家族経営の店で、連休という連休は子供たちはいつもお留守番。遅い夕食にも慣れさせてしまったことを申し訳なく思っている。

それでも、数年前から主人のいとこが店を手伝ってくれることになり、子供たちも長じて、私の心は長年やって来た絵画の扉をあけることができた。川端の血筋の人が店にいてくれることは何より心強い。以前は自宅に帰っても、翌朝の予約など、店の仕事が頭を離れなかったのが、仕事を終えて店と自宅を遮る下鴨本通りを渡ると、私は絵描きに戻れるようになったのだ。疲れて脱力していた節句明けにも、心と身体に少し余裕ができたのだろう、数年前に奈良の春を巡る時間を持つことさえできた。良い水を探していた頃、お客様から天川《てんかわ》の真清水を紹介してもらった。その地の利から大峯《おおみね》山系の天川真清水と、粽に使う吉野葛はきっと相性が良いだろうと使い始めたのだった。その採水地を訪ねるべく天川村洞川《どろかわ》温泉に出向いたのだが、その行き帰りに寄った飛鳥《あすか》、室生《むろう》、柳生《やぎゅう》の里の満開の春に、日本の春がこんなにも美しく、明るい色彩に溢れていることを再確認したのだった。

以来、自然の中に直に身を置くこと、肌で感じることの大切さを思って、長年訪ねたいと思い続けていた巨樹や仏像をかなり軽いフットワークで訪ねてはスケッチしている私である。

自宅で療養していた義母を九年前に看取って、いつか実際に見てみたいと願っていた樹齢二千年の大楠《おおぐす》を佐賀に訪ねた。幻想的に社《やしろ》の暗がりに立つ、化現仏《けげんぶつ》の浮き出た巨樹を美術雑誌で見て以来二十年、その姿を夢想し続けていたのだ。時の流れの中で、化現仏は樹から離されて横の御堂に納められ、樹肌には樹木医の手当てが施されていた。整備されて公園となった明るみにすっくと立っていたその樹に、――空想していた太古の面持ちではなく少し残念であったが――一瞬で私は虜《とりこ》になったのだった。

横の農産物販売所に何かあるだろうとお昼を用意して行かなかった私に、販売所のおばさんが自分のチャーハンを半分分けて下さった。スケッチを続ける私に、

「もう閉めるから……」と冷たくひやした自家製麦茶も置いていって下さる。因《ちな》みにいつもお茶うけに出して下さる、このヤエコさんのお漬物は絶品である。バスの本数の少なさに、宿をとった武雄《たけお》の町まで車で送って下さった所長さんをはじめ、優しく豊かな地元の人々の心情を反映しているかのように、整備の仕方に少しも卑しさを感じなかった。

甲府近くにも虜になっている老欅《けやき》がある。ここでも親切な地元の方のお世話になっている。地べたでスケッチする私に「これを使やぁいい」と毛布を持ってきて下さったり、夏には蚊取り線香までたいて下さるツガイさん。若い日に、アルジェリアでムートンを貸してくれた、陽だまりの匂いのするお婆さんを思い出したりもした。

樹齢を重ねる巨樹たちは、もはや恋人ならぬ恋樹となっていて、時間ができると画板を持って会いに行きたくてたまらなくなる。何百年にもわたる時を経て、中が痛々しく空洞化して、それでもまだ青々と葉を繁らせている。その樹の身体に空いた穴から空洞に差し込む光は、一日中その前でスケッチする私に、鳥や魔法使いや小人たち、様々な影絵ならぬ光絵となって、一瞬の劇場をプレゼントし

てくれる。風雨にさらされたその樹肌には母子像やら観音様やら、様々な姿が浮かび上がっている。夢中になってデッサンを続けていたら、ふと、私の肉体が無くなって樹の中に取り込まれ、その一部になってしまいそうな、そんな気持ちにもなる。

朽ちた樹の隙間をごそごそと行き交う蟻やシデムシや名前も知らない昆虫たち。根元に落ちた枯れ枝や葉はだんだん朽ちて、やがて土に混ざっていく。老樹の持つ造形の豊かさと存在の深さは、人が一本の樹を神として崇めるに充分な理由となっている。

私は整備され、古めかしく演出されたり、行政や○△コンサルタントに管理運営されている観光地にあまり魅力を感じないでいる。どこも同じ顔になってしまうからだ。そこにある人々の普通の暮らし、ありのままの自然や文化、そしてそれを守る地元の人の心を感じることこそ旅の魅力なのだ。パワースポットと宣伝されて人々が押し寄せるようになってから、ライトアップされ、横の林が刈りとられ、すぐ側にカフェテラスを作られたご神木もある。長寿など願いを祈念してその樹を周る人々に、一日中肩越しを踏まれて、さぞかし疲れるだろうなあと心配になる。かつては仲間の木々の呼吸の中で、月光を楽しんだに違いない。深い森に静かに佇む三千年の神の樹を夢想しながら、私はまずいデッサンを続ける。

「われわれは次のことを知っている。地球が人間に属しているのではなく、人間が地球に属していることを。……人間が生命の入り組んだ関係を織ったのではない。人間はただその織物のより糸にすぎないのだ。人間がその織物に対してなすべきことはすべて、自らに対してなすことになる」というネイティブアメリカンの首長が、もう百六十年以上も前に、合衆国大統領にあてたという手紙の一節が新聞に載っていた。その切抜きを、私は大切に持っている。

「いかなる技術革新も集団的な死の危機を内包している」という言葉が『エネルギーの征服―成熟と喪失の文明史』（新泉社）の訳者あと書きにあった。おかげ様で、川端道喜にはお菓子作りに携わる各個人が腕を磨いて技術を伸ばすことはあっても、機械的な技術革新はほとんどない。室町時代と比べても薪《たきぎ》からガスになったことくらいだろうか。道具とて、餡を炊く時の大きな銅鍋とボートのオールのような棒。二、三個のゆき平鍋、しゃもじに竹べラ、ボールにバット（野球じゃない！）、粽を量る時の足のついた板、もち舟、これくらいのものだ。

嵯峨の春

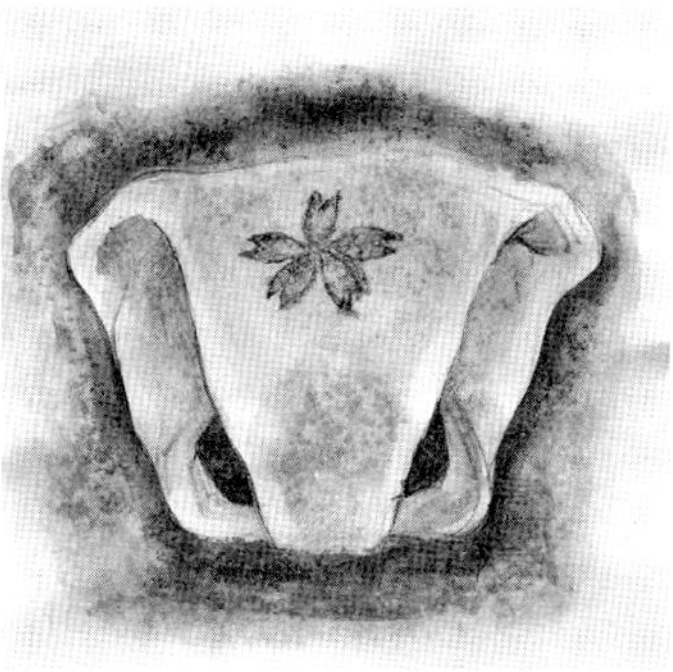

そんな小さな作業場でも春には桃色のお菓子の花が沢山咲く。梅衣、花衣、桜、嵯峨の春、花筏《はないかだ》……。みんなひとつひとつ手の中で生まれる。まだ不慣れな時には、水面を流れる散り行く花なのに、随分元気で強い色に花筏を仕上げてしまったこともある。大きく作りすぎた嵯峨の春に「伝統とは存在感でもあるのですね」と、さすがの表現、ご注意ともとれる優しい感想を高名な詩人からいただいたこともある。同じお菓子ではあっても、名残の春には少し色をひかえて作るなどと少しは余裕もできただろうか。

そんなこんなで店は相変わらず大きくならないけれど、巡り来る春の小さな花とも老樹とも通わす心は健在である。

四月の風景

人類の川

傷ついた初年兵の群れのような向日葵畑《ひまわり》。その広がりの後には、息子の帰還を狂うほどに待ち侘びる母親の群れにも見える、とうきび畑が続いた。くり返す群れのひろがりは少しせり上がって遠くの空につきささっているようだった。

一九八二年、私はチャウシェスクの悪政権下のルーマニアから内紛前のユーゴスラヴィアへ、辺境の国境を越えた。

小学校の教室のような入管事務所には机が二つばかり。出国手続きを待つ濃紺のスカーフと前かけ姿のおばさんたちが、ふくれあがった持てる限りのボストンバッグを机に置くと、係官はそこから二、三ヶの石鹼とその他少しの雑貨を抜き取って、無表情のまま次の荷物の審査にとりかかった。「これくらい、いいじゃないか！」とでも言っているのだろう。大げさなジェスチャーで抗議しながら、おばさんたちは家族が横で広げて持つ袋に、抜き取られた品々を戻し入れた。

駅を出発した沿道では見送る家族が何人も手をふっている。泣いている人もいる。珍しい東洋人の私に「どこから来たのかい?」なんて愛想のひとつもないほど空気はせっぱつまっていた。月に何度かユーゴスラヴィア側の町に市でも立つのだろう。おばさんたちのパスポートは出入国の印でいっぱいだった。一両編成の古い車両は、スカーフのおばさんたちと私を乗せて、ポコポコと整備の行き届かない雑草だらけの線路を行く。私の目の記憶はさながら映画のキャメラになって、国境を越える錆びた車両を俯瞰するように追う。監視塔や有刺鉄線くらいはあったかも知れない。地図帳ではピンクや黄色ではっきりと仕切られた国境は、モグラや野兎や植物たちが自由に行き交う草原の緑色のまま、そのままユーゴスラヴィア領に入っていた。

ホテルのトイレットペーパーも足りないほどの、悪政下のルーマニアと比べると、後に凄惨な内紛が始まるとは予想できないほどユーゴスラヴィアは明るく活気があった。内紛後、見事に修復されたアドリア海の真珠、現在のクロアチアのドブロブニクもイタリアのリゾート地のように外国人観光客でいっぱいだった。

イスラム文化が色濃く残る町モスタルの美しい石橋からは青年たちが飛び込みのデモンストレーションをやっていた。何処に行っても山肌や岩壁に、彫られたり、刈り残されたり、ペンキで塗られたりして、ＴＩＴＯの名が浮かび上がっていた。パルチザンの勇から、大戦後複雑な民族や宗教を越えてユーゴ統一を成し遂げた初代大統領チトーの名だ。

四方を海に囲まれて、ほとんど単一民族で構成されている日本という国に住む私は、問題を沖縄の人たちばかりに背負わせたきり、無責任に日々暮らしてしまっている。ユーゴスラヴィアの統一と分離は、地続きの大陸で民族も宗教も違う人たちが、多くの犠牲の上にそれでも何とか平和に暮らして行く為に、知恵をしぼって築いた国が、第三者の利権や、為政者の思惑、まるで仕組まれたように起こる人の心の悪循環で乱され、分断されてしまうのを見せつけた。いったい「国」って誰の為に形づくられているのだろう。あの山肌のＴＩＴＯという文字は今はどうなっているのだろう。

「『戦争が始まれば返せなくなるかも知れないから』と彼女はわずかなお金を返しに来たの。砲弾の音がだんだん近付いて来る中を彼女は帰って行ったわ。それきり私は彼女に会えていない……。お互いに子供たちの面倒も見たわ。鍬《くわ》も鋤《すき》も貸したり借りたり。一緒に食事もしたわ」。そう言って、民族も宗教も違うお隣の友人を思って、テレビの中の女性は泣いた。数年前の深夜、途中から見たのはチェチェン紛争のドキュメンタリーだったのだと思う。女性として、母親として、人間としてふつうに繋がっていた市民が「国」の都合で分断される。

若い日に、北海道二風谷《にぶたに》にアイヌ民族の故萱野茂《かやのしげる》氏の話をうかがうことがあった。氏は内地人をシャモと呼び、お金に目がくらんでシャケを乱獲し、自然を敬うことを忘れたシャモを非難された。萱野氏を思い出したのは、カナダ先住民を取り上げたドキュメンタリー番組を見たからだろうか。彼らは顔立ちや創り出す造形の力強さ、自然に対する思考力がとてもよく似ている。先住民と言われる人々は不幸にも──先住していたにもかかわらず──、〝力〟に支配されて辺境に追いやられる場合がほとんどだけれど、彼らの詩のような言葉や感性は私を魅了してやまない。彼らから学ぶべき事が多いのは、厳しい自然環境下で生き延びるために、深い観察力と感性と知恵と哲学を永々と培ってきたからだろう。

南米の最南端、孤立状態の極地である西パタゴニアにも我々日本人とよく似た先住民の人たちが残っている。争うことを好まなかったのか、負け続けたのか、彼らは誰も住もうと思わないこの地に辿り着き、一万年も住み続けてきたのだ。十八世紀には八千人が暮らしていたと言われるが、一八八三年、こんな極地の利権でさえも得ようとやって来た白人の民間入植者（彼らも又、追いやられた貧しい人々だったのだろうけれど）に虐殺され、カトリックの伝道所で文明という名の下に配られた古着に付いていた病原菌がもとで五十年以内に殆どが病死したという。生き残った者は政府が支援する「先住民狩り」の犠牲となって、二〇一五年には五つの部族を合わせてもたった二十人の人たちだけが、手工芸品などで生計を立て、文化や伝説を伝承しているという（パトリシオ・グスマン監督のドキュメンタリー映画『真珠のボタン』より）。この先住民とまともに向き合い、保護しようとしたアジェンデ大統領は、チリの銅資源をチリ国民の手に戻そうとしたことから、利権を渡すまいとするアメリカの後ろ楯を得たピノチェトの軍事クーデーターの前に倒れてしまう。その後、十六年続く独裁政権下で、アジェンデ側の何千人もの人々が送り込まれたのがこの極地の収容所だった。その蛮行を隠すように、海や砂漠に人々は葬られた。今も弟や息子の亡骸を探し続ける女性たちがいる。かつて先住民がされたように、チリの人が独裁政権下の国の暴力で苦しめられたのだ。

「私たちは誰もが同じ水から生まれた川だ」というチリの詩人ラウル・スリータの詩の一節がなんだか空しく響く。自らの欲望の果てに自らを押し潰してしまいそうな話が溢れる現代。それでも物資の滞ったルーマニアの市場で、野菜売りの少年が旅の私に手渡してくれた赤いトマトのことを私は忘れないでいる。カナダの先住民は富を一人（一ヶ所）に集中させない知恵を持ち続けた。「私はもうすぐ枯れるから、そろそろカヌーに作り変えなさい」という森の中の老木の声を聞きとれるのだという。誤解で起きた争いの経験から、他の部族の土地を通る時は、互いに礼節を尽くす方法で争いを回避してきたともいう。

ローマ時代、貴族たちが吐いては食べ、吐いては食べと飽食を繰り返していた時にも飢えた人々は沢山いたことだろう。飢えに苦しむ母子の映像が流れる横で、「そんなぎょうさんのお金、何に要るんやろ!?」と言いたくなるニュースが流れる。技術の革新が人の心を豊かにしてきたわけではない。国をリードしていこう

花筏

とする人間の資質で、国というものがどんな色彩に染まるのかを歴史は証明し続けてきた。

四月は川面を流れ行く花びらを表した花筏《はないかだ》でしめくくられる。七センチほどの細長い棒状の薄桃色のお餅で餡を包み、炭火でまっ赤に焼いた陰陽の桜の印を左右に押す。紙の上ではくっきり違いを判別できる焼印も、お餅の上では気をつけないと、せっかくの陰陽の区別もさほどはっきりしない。だけど小さなお菓子にもわざわざ陰陽を司る人の心のはたらきにちょっとくすぐられる。一滴の水から大河となっていつかは空に戻る水の川面を花びらは使者のように流れて行く。

――私たちは誰もが
同じ水から生まれてきた川だ――

五月の風景

視線

渦巻き型の風の足あとの中央に、少女をひとり残して、無音のヘリコプターに乗る私は徐々に徐々に上空へと飛び立っていく。

「さようなら」

四十年も前の五月の未明、声にはならないけれど、「さようなら」と呟《つぶや》く夢を見て目が覚めたのは、泉《イー》ちゃんがとうとう逝ってしまったという電話を受ける一時間ほど前のことだった。

芸大に入れば一日中好きに絵を描いていられるものと思っていた私は、様々な課題をてきぱきこなして提出しなくてはいけないカリキュラムに気乗りせず、さぼっては家で絵を描いていた。高校の美術科出身の泉ちゃんは、大学でも日本画基礎課程ほどのことはすでに習得済み。さくさく制作を進める彼女の胡蝶蘭の絵は透明感をもって仕上がっていた。さぼって、授業で聞き逃したことなど、彼女から教えてもらうのが私の常だった。

卒業進級制作展で例外的に三回生で賞を受賞した、ひとり横たわる女性の絵の静かな空気からは、ドキッとするほどの寂寥感《せきりょうかん》が溢れていた。今思えば彼女はこの時すでに、自分の病の意味するところを知っていたのかもしれない。それ以後、入退院を繰り返しながら制作を続ける泉ちゃんの作品は、あんなに巧みに技術を心得ていた同じ人の作品とは思えないほど、たどたどしくなっていった。技術ではない何かが絵を支配している感じだった。

当時の学長である梅原猛氏に因んで、学内で「猛犬《タケシ》」という白い雑種を飼っていた。お決まり通り丸めがねを落書きされたりして、学長の授業にもひょこひょこ出席する愛嬌のある「猛犬《タケシ》」とその横に咲く紫陽花《あじさい》を描く、彼女のあまりの静けさに私は声もかけられなくなっていた。さらさら描ける彼女が朴訥《ぼくとつ》に、ひとつひとつ、こつこつ描いている。それは描くというより、何かを見つめている感じだった。上手く描き上げることは、もう泉ちゃんには無意味なことのようだった。彼女の背中から受け取った深い視線の記憶を、私はつい浮き足立ってしまう自分の

錘《おもり》にしている。

パウル・クレーは「目に見えないものを見えるようにするのが画家の仕事だ」と、そんなことを言っていたけれど、彼女は紫陽花と「猛犬《タケシ》」の向こう側に在るものを視ていたに違いない。

病室に届けた専攻科の修了証書を「そんなに学校出てへんのに、こんなんもろたらおかしいわ」と言って彼女は笑った。いつ見舞っても彼女は穏やかで不思議なほど強かった。私には彼女の何ひとつとして受けとめる力がなかった。

それでも私にも「視る」ことに関して、とても貴重な一瞬の経験がある。京都芸大を目指して、伊庭《いば》研究所（通称イバケン）にデッサンを習いに行っていたが、そこは浪人生たちがいつもデッサンを自由にやっている開放されたアトリエだった。「行くで〜」と先輩の号令がかかると、近くの大文字山《だいもんじやま》に登ったり、京大のグラウンドでボールを蹴ったり、一升瓶をかついでの比叡山夜間登山なんてものまであった。今の予備校とはおよそほど遠いアトリエで、ある日、誰かが置いたままにした、水を入れたガラスコップに出会った時のこと。屈折した細い光と影が交差してゆらいでいた。まさにその時、その空間の一点で、私と対象が視線で結ばれたのだった。私の心も身体も、そして私を包む空気も湿度も、光も一瞬たりとも同じものではない。その中で出会った対象を視るのだと。

予備校の夏期講習で習ったことは、どのように鉛筆を使えばそれらしく描けるか、構図はどのようにとれば良いか、そんな風なことだったが、受験が産業になる前のアトリエは、自分の目で自分が視ること、デッサンすることの意味を自分で見つけるチャンスを与えてくれたのだった。

画家の野見山暁治《のみやまぎょうじ》さんのエッセイに芸大入試に関する話がある。石膏デッサンでの入試判定に疑問を感じて、油彩での入試を行ったところ、予備校が二日半という受験日程に合わせて早描きの訓練をしたり、効果的な下塗りの方法を伝授したりで、何の解決にもならなかったという。パターン化した制作方法を教えられると、入学後の作品も二日半で、もうそれ以上描くことがなくなるというのだ。

写生大会で、地域の子供たちが私の恋樹を描いた優秀作品が展示されていた。私には巨大な神様か怪獣に見える巨木の恋樹が、画用紙の枠の中にどれも上から下まで盆栽のように収まっている。大人たちが優秀と認めなかった作品の中にこそ、「ほんと！　ほんと！　怪獣みたいやねえ！」と共感できる作品があったのかもしれないけれど、優秀とされる作品はあまりに冷静すぎる気がした。

情報の氾濫と価値基準の単一化、過度の教育（？）はひとりひとりが持つべき視線を奪っている気がする。

日本画家の徳岡神泉《しんせん》は、「私は枯れ葉が散って地面に落ちる時のその音を描きたい」と言った。ひとり静かに佇んで、深い視線をもってはじめて得た言葉だ。

先日、信州上田の美術館で手にしたパンフレットに「自分が直接感じたものが尊い　そこから種々の仕事が生まれて来るものでなければならない　山本鼎《かなえ》」とあって、情報優先の時代にすっかり置いてけぼりの私はにんまり頷いたのだった。「流行を追うな、有名になるな、良い職人のようにこつこつと腕を磨け。もっとしっかりした絵を、私は描きたいんだ」というコメントの横で歯の抜けた大口をあけてガハッと笑っている松田正平さんの自画像が私は好きでたまらない。夏の暑さ対策にランニングシャツにはさみで穴を開けて風通しを良くしていたとか、自分で木を削って作った下駄を履いていたとか、訪ねた人たちが絵の具を踏んづけてくつ下やズボンをダメにした話など、自画像に負けないエピソードの持ち主である正平さん。

言われるがまま、お行儀よく黙って並ぶことばかりを良しとする風潮に、いつの間にか慣らされてしまった現代。わからなければ「ワカラナイ」、おかしいと思えば「オカシイ」と発言する素直な勇気すら萎えてしまいそうだ。「いいね」と多くの他人《ひと》に言ってもらうことより、たとえ自分ひとりであっても、心の底から「いいなあ」と感動する歓びは何にも代えがたいのだ。

利休さんは、自分の視線を注ぐことで、わら壁や楽茶碗や様々なものに美を見出した。高価な品や豪奢なものならともかく、たったひとりで、打ち捨てられたようなものの中にまで美を拾い上げた、まさにパイオニアだ。そして、その美意識に責任をとったのだと思う。

初代道喜は共に武野紹鷗の弟子であったこと以上に、利休さんと深い信頼関係で結ばれていた。晩年に百回催した茶会の記録「利休百会記」にも初代道喜は秀吉と同じく二度招かれている。そのうち一度は、前田玄以を筆頭とする豊臣期の京都所司代の下代と同席であるのは、町衆(六丁)の長である道喜と秀吉を繫ぐ役目を、利休さんが担ってくれたと考えるのもあながち間違いではないだろう。

御粽司《おんちまきし》と暖簾《のれん》に染め上げている以上、一月、八月以外通年作る粽ではあっても、端午の節句には初節句のお祝いに使ってくださる方も多く、五月は心して過ごさないといけない。道喜粽は、応仁の乱によって疲弊した宮中の様子を耳にした吉野の国栖族《くずぞく》により献上された葛粉を、製品に調製するよう初代道喜が御所から依頼されたことに始まる。御所から下賜《かし》されることで御所粽とも呼ばれた道喜粽を、入洛したての信長が御所に買いに行ったという意地悪な笑い話や、大山崎の合戦の折、陣地に届けられた粽を明智光秀が笹ごと食べて、その先を危ぶまれたとい

粽

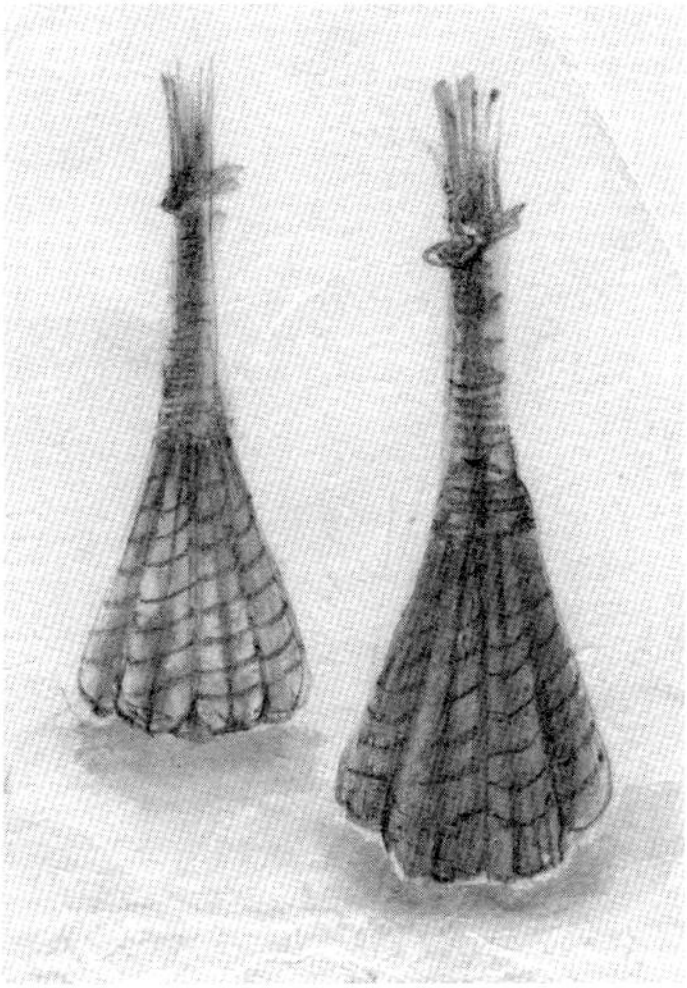

う言い伝え（わが家では教養も茶心もある光秀のこと故、手元に懐紙のない戦陣で、笹で口元を隠して食べたのだろうと伝わっている）など道喜粽にまつわる面白い話はけっこうある。最近は、自然の循環サイクルがくずれ、天敵のいなくなった鹿が大繁殖して笹の新芽を食べつくすため、良い粽笹が入手困難となったが、笹の芳香の魔法にでもかかったのだろうか、今も親族で粽をせっせと作っている次第である。

六月の風景

手、手紙

絵の具皿や絵の具瓶が雑然と並ぶ父のアトリエのどこかに、いつも、と言っていいほど度々「W氏」からの手紙が届けられていた。白い封筒に書かれたその文字から、W氏が武士のように筋の通った人格者なのだと子供ながらに私は確信していた。W氏への父の手紙を母が頻繁に清書していたことから、氏が父にとって、とても大切な人なのだとも感じていた。

ペン習字で習った類《たぐい》の美しさではないけれど、母独自の文字が私は好きだった。そこに母の秘められた高潔な人格さえ感じていた。私の両親は共に若い日々を日本画家として修練していたが、絵画という「無用の用」をもってしての終戦直後の生活と子育ては想像するまでもなく厳しすぎるものだったに違いない。目を離した隙に、台風の後の近くの川で、よちよち歩き出したばかりの次男を亡くしてしまったことから、母は絵筆を折ったのだった。W氏への手紙の内容はたぶん援助の依頼といったものが多かったに違いないが、それでも母は文字を書く手の喜びをその清書に託していたような気がする。それほど、母の字は生き生きと美しかった。

手で書かれた文字には、その人の喜びや憤り、焦りなど心の状態や、ひいては性格まで滲み出てしまうことがある。父が亡くなって、母の書く文字はずいぶん弱々しく小さくなってしまった。

川端道喜に嫁してから、粽《ちまき》作りの五月の節句あたりに外出するのはとうてい無理になってしまったが、その頃、毎年京都高雄《たかお》の神護《じんご》寺で虫干しの宝物展示があって、そこで北条政子（平政子）の書状を見たことがある。横に並べられた立派な頼朝の字がかすむほど、尼将軍たる政子の文字は凄まじいという表現がピッタリ。強く大きく威勢が良すぎるほど良かった。伊豆の島を「頼朝さまぁ〜」と髪をふり乱して渡り行く政子の姿が浮かびさえする。

良寛《りょうかん》さんの字はその文字の隙間でほんわり眠りたいほど優しい。

事務的なことは見やすく読みやすい印字がいいだろうけれど、心をのせたいなら手書きがいい。店のお客様のご縁で知己《ちき》を得た版画家深沢幸雄先生の毛筆のお手紙も、実際には生前お会いする機会を得なかったにもかかわらず、先生をより一層親しい人にしてくれている。手なる毛筆の力である。若い日、初めての個展の案内状に載せた作品写真に秋野不矩《あきのふく》先生が「――厳しく美しいです――」と言葉を送って下さった。その自筆のお手紙からどれほどの勇気をもらったことだろう。秋野先生は京都芸大を退官されてから二度も火災に遭われたのだが、いずれの時も先生を慕う卒業生たちが沢山集まり、学生運動の名残りのヘルメットを被って後始末を行った思い出がある。その時「良くない絵を神様が焼いて下さったのね。またゼロから出発だわ」とおっしゃった先生の言葉を耳にした時は、その人格のたおやかなスケールの大きさにこちらが言葉をなくしてしまった。私の母の字をもっと絵画的にしたような字の先生のお手紙は、私の宝箱に入って今もエールを送る力をもち続けている。

筋ジストロフィーと闘いながら、三十代で亡くなった石井誠さんの字を見たくて、豊岡市の円山川公苑美術館に苦手な高速道路とトンネルに脅えながら出向いた折には、「樹」「土」「吐」そんな一文字の中でさえ、手は人の魂を伝える力をもっていると確信したことだ。

熟練したレンズ研磨師が、長年の勘で機械で磨き出せない数ミクロンの精度の研磨技術を持っている、と聞いたことがある。それほど精緻なことではないにしても、店での毎日の中でもお餅の柔らかさや重さ、色の具合は目や手が立派に感じて働いてくれている。材料を投入すればお菓子がポトポト出来上がるとかいう自動包餡機のパンフレットが送られてくる。そうして長期保存のきく品が早く大量に出来上がれば大いなる経済効果を生むのだろうけれど、餡たき機さえない小さな道喜ではそんな機械を置く場所もなく、何よりそこに手の喜びを求めることはできない。同じ材料、同じ作り方をしても一人一人の手は一つ一つ微妙に違った顔を持った品を産む。「今日のいい感じやねえ」なんて些細な出来の良し悪しに一喜一憂していて、経済効果も何もあったものではない。「手を施す」「手ごたえ」「手短」「手当て」「手ごころ」と溢れるほどある「手」を使った言葉が示すように、まさに「手」は微妙で繊細な心や技の領域を司っている。進歩した機械もそれこそ手が届かない。

ただ最近の印刷技術のすごさには驚かされる。薬やシャンプーのボトルには

「読ませまい」とでもするかのように、「ハズキルーペ」でも無理なような小さな文字がぎっしり書かれている。使う人に告知することが目的のはずが、何か問題が起きた時に「ここに明記してあります」と責任逃れをするためではないかとさえ思える。お菓子の包装にもこれからは、消費期限や製造者などを明記した従来のシールに加えて、糖質などの成分表示をしなくてはいけない。パッケージの表面積が三十平方センチほどの品から義務づけられることになるのだが、マッチ箱を少し大きくしたくらいの箱に目読できる文字の大きさでシールを貼るとなると、各店が

伝えてきた店の顔にもなる包装紙はほとんど見えなくなる寸法だ。

人間の息遣いや魂の美しさなど、そんなつかみどころのないものはどんどん隅に押しやられてしまうのだろうけれど、それこそ、京都のような手技の文化を誇る町が永々と大切に守り育ててきたものではなかったのか?

溢れる情報と効率優先の波に、手の文化はあぷあぷ溺れそうだ。

三十年ほど前に千利休書状　道喜宛「朝顔の文」のレプリカが立派な掛軸になって売り出された。道喜に伝わってしかるべきこの消息文は、それなりの理由があったのだろう、現在は名古屋の徳川美術館の所蔵となっている。

〈封〉道喜老　貴報　易
芳墨拝受、忝《かたじけなく》候。　あさがほの
一服ニ付而《つきて》　面白様《おもしろきよう》に被仰《おおせられ》候由、
本望存候。先以《まずもって》、朝露おびて
咲ものとハ、定《さだめ》て　彼《かの》法師の
御讃歌にて候か。我等も大慶存候。

猶《なお》、面上に筆をのこし申し候。
恐惶敬白
即刻　易（花押）

利休の茶会のエピソードとして有名な朝顔の茶事について、感想をしたためた初代道喜の手紙に対し、即刻その返事を使いの者に託した利休の手紙である。毛筆の時代で良かった‼

手なる毛筆でなければ掛軸になって四百年後の世にレプリカではあってもまたこうして巡り合えることはなかっただろう。

冒頭のW氏のご子息（と言っても私より年長の方だけど）とお話しする機会を得て、つい三年ほど前に知ったことだが、（亡くなられた時）W氏が借金を残されていることがわかり、ご子息たちで急いで返されたのだという。信用ある立場であるからできる借金をしてまで、人助けをなさっていたことにもなる。先に旅立った父の葬儀に際し、ご高齢をおして最後まで背筋を伸ばして立礼して下さった氏の姿は、まさに武士のようだった。

青梅

茶道速水《はやみ》流の聖護院の茶会に使って下さることもあって、六月には「青梅《あおうめ》」を作る機会が多い。三種類あるクチナシ色素を調合して少しくすんだ黄緑色に染めた餅で餡を包むと、餅皮の下からほんのり餡の色が透けて見えて、少し熟れた感じにもなり、自然感を帯びる。とり粉がかすかに残って、ちょうどうぶ毛のような肌合いになる。そしてヘタの痕を表現する穴をあけて、お尻のようにならないように少し中心をはずして心もちくゆらせてヘラで筋をつける。マーケットに並ぶもっと硬い感じの本物の青梅を見て、「うちの青梅の方が青梅らしい」なんて変なことを感じた。これも手の魔法なのかもしれない。

七月の風景

伝える、守る

「君たちは刻一刻と青春を無駄にしているんだぁ〜」

宿題の訳文を誰ひとりやってこない学生に向かって、先生は何度大きな声でおっしゃったことだろう。学期末には相変わらずの学生に、先生の方がテンションを維持されるのに苦労なさったに違いない。何故か同じ声の大きさで、「私のフランス語なんかフランス行ったら通じないんですから！」ともおっしゃった。当時京都芸大で仏語を教えていたM教授はどうやらベトナムで仏語を身に付けられたらしい。

M教授から習った仏語は私の身には付かなかったが、かつてM教授が京都帝大（現京都大学）在学中に御所北に今も在る冷泉家《れいぜい》に下宿されていた時の話は、娘に話すと「それ、前にも何回か聞いている……」と言われてしまうほど私の脳に面白く刻まれている。当時、冷泉さんの下宿代は意外にもそれはそれは安かったらしく、うやうやしく広げた扇の上に下宿代をのせて受け取られたという。まだ今出川通りを市電が走っていた時代、その安全地帯に設けられた時計で時を確認されていたというのも、京都の盛衰の中をあたふた焦らず気品を保たれていた血筋のなせるワザに違いない。

十年ほど前、旧暦の七月七日、冷泉家で催される乞巧奠《きこうでん》（七夕の宴）を見せていただいた。当時の衣裳装束、髪型まで整えた歌詠み人が雅楽、和歌などを手向《たむ》け、裁縫などの技芸に巧みな織女《しょくじょ》にあやかろうと祈る歌会の儀式である。「流れの座」という場面では左右に分かれて座す男女の間に白い布がするすると伸ばされると、その布はたちまち天の川となり、男女の間を恋歌が往来する。庭先に二本の笹、梶の葉や五色の糸でしつらえられた祭壇（星の座）には琵琶や琴、桃、梨、茄子、瓜、ささげ、らんかず（揚げた豆）、蒸し鮑《あわび》、鯛、空杯《からさかずき》などが供えられ、その前の机には秋の七草、五色（赤、黄、青、白、黒）の糸、布が手向けられていた。二星を映して見るという角盥《つのだらい》には梶の葉が一枚浮かべられ、何とも色彩豊かな雅《みやび》な儀式だった。

道喜では七月十四日の早朝七時前に、羊羹粽《ようかんちまき》、水仙粽各々三束を烏丸通り錦上ルの御手洗《みたらい》の井戸までお届けすることになっている。すっかりビルだらけになった為、住人の町衆に代わってビルの会社の人が毎年交代で粽、トビ魚、瓜、塩、お米などの用意から祭壇のしつらえまで神事の準備を担われている。以前は前日の夜に受け取りに来られていたのを、聞けば冷蔵庫に入れてはいけない葛粽を、空調を切られたビル内に一晩放置することもできず、新聞紙でぐるぐる幾重にも包んで冷蔵庫で保管するよう引き継がれていたという。そう聞いて翌年から、私が早朝蒸した粽をお届けすることにしたのだった。準備の様子を見ていると、先代から言われた通り、苦心した三束包みも、手洗水町《てあらいみずちょう》町内会と緊張して書いたのし紙も、スルスルほどかれて粽はトビ魚の横に供えられるではないか！　それ以来、十四日の三束包みと毛筆の名入れから解放されたのだった。

井戸の前には木札があって、秀吉の頃に町民の申し出によりこの町名となったこと。もともと祇園社御旅所《ぎおんしゃおたびしょ》社務・藤井助正が屋敷の庭前に牛頭天王《ごずてんのう》社を建て、毎朝このご神水を供えたこと。織田信長が上洛して御旅所が移転した後も、祇園会の時のみこの井戸が開放されたこと。明治四十五年（一九一二）、烏丸通り拡張の折も、原形のまま東の現在地に移したこと。竹と松を井戸前の鳥居に結び付けて注連縄《しめなわ》を張り、七月十四日から二十四日までこの井戸が開かれることが恒例になったことなどが書かれている。

祇園祭の後、京都では厄除け祈願の粽を家々の玄関に下げる風習がある。現在は各鉾町で売られる粽を、私の子供の頃には鉾の上から撒《ま》かれるのを人々が競うように受け取っていた記憶がある。粽と祇園祭の関係だが、十五代道喜はその著書の中で、「洛中洛外図屏風」や古い文献にも出てこないことから、安土桃山時代にはこの習俗はまだなく、幕末の頃から流行りだしたのではないかと書いている。長刀鉾《なぎなたぼこ》だけについている長刀と鉾の間のしゃぐまという飾りを、巡行後すぐに鉾からはずして冷泉家に持っていくという祭事も、実は明治時代の冷泉家当主がそのしゃぐまを貰い受けて、魔除けとして台所の高い天井に吊るしたのが始まりだという。祭事も時の流れや事情に対応しながら少しずつ変化して守られてきたのだ。

京都御所や松阪近くの斎宮《さいくう》には年中行事を記した掛幅《かけふく》が残されている。為政者は、人民を支配するために法律を作ったように、時間を支配するために暦を作った。古代国家において、天皇から官人、庶民が国家の定めた時間、暦に従って同

じ行事をくり返しくり返し行うことでそれは強制ではなく日常の習慣となって、支配体制をより確実なものとする。お正月の初詣、上《じょ》巳《うし》の節句（雛祭り）、端午の節句（子供の日）、乞巧奠（七夕祭り）……と今ではすっかり庶民に根付いた風習の起こりについて、心の何処かに留めておいた方がいいのだろう。命の根源である自然への畏敬や崇拝を儀礼化したところから始まった原始的な恒例行事も、国家が定めた日に国家全体で行事をくり返し行うことで、中央集権国家体制の確立に知らず知らずの

内に一役買ってきたということだ（参考＝斎宮歴史博物館『王朝人の四季』図録）。

一方、明治時代の国の廃仏毀釈《はいぶつきしゃく》という急な方針についていけない村人たちの純粋な信仰心によって守られた、巨大な木彫の十一面観音像を茨城県石岡市の西光院に拝したことがある。もともと麓《ふもと》のお寺に安置されていたものを、「この山奥まではお役人の手は延びないだろう」と五メートル九十センチもあるこの立木仏を村人たちが運び上げ、お堂まで造ったのだという。

山奥のことゆえの大変な生活の不便を厭《いと》わず、今も拝観料もとらないでこの観音様とお寺をご夫婦で守られている。明るく清々しい奥様の話によると、テレビやインターネットでこの山奥の西光院が紹介された途端、山肌から突き出たような構造の寺の欄干から身をせり出すようにして自撮りした危険な姿を配信したり、花火をしたり、観音様の持つ蓮花の蕾《つぼみ》がマイクの様だとカラオケ観音と銘打ってこれも配信したりする若者も出てきて、心痛めることもあるということだった。

知らず知らず守らされることには鈍感に従ってしまう。守るべきことには、人任せであまり心を配ることもない。情報を操る側の人は、人の心や脳のはたらきを実に上手く巧みにコントロールする。何十年、何百年と毎年くり返されることで、やっと庶民レベルにまで浸透し、慣習化されるものも、あっというまに広がってしまう現代である。守るべきは、伝えるべきは何なのかを、今こそ立ち止まって自分で考えないといけないと思う。

道喜には「天の川」別名「星の影」というちょっと個性的な七月のお菓子がある。桃色と黄色のこし餡入りの団子を青竹の串に刺して、牽牛《けんぎゅう》、織女の二星を表す。私がこのお菓子を初めて手伝ったのは写真が主役といった本の撮影の為で、ダミーのお団子には餡が入っていなくて、ずいぶん作りやすかった。むしろ竹材店で青竹のちょうどいい具合に節が入っている所を二十センチほど切ってもらい、鉈《なた》と金槌で串を裂いて作ったことをなつかしく思い出す。竹材店にころがっている切れ端を、あつかましくも無料《タダ》で貰えるのかと思っていたら、二千円と言われて「えっ⁉」と思いながらも黙って買ったのだった。

量販店で売っている少し色褪せた竹串では、お団子の桃色と黄色が映えない。端から一・五センチほどのところに金色の節の筋が来るようにするとピリッとしまって美しい。竹串作りの手間に、めったに作ることのないお菓子だが、いざ注文を受けると藪の竹を伐《き》ってきて古包丁と金槌で裂き割り、カッターで仕上げと、小学校の夏休みの工作のようだ。

金色の節のことも、言わなければ気付かれないほどの小さなことかもしれないが、美はちょっとしたところに潜んでいる。その、ちょっとしたところにこだわる心の喜びは、次代にも伝えたいと思っている。

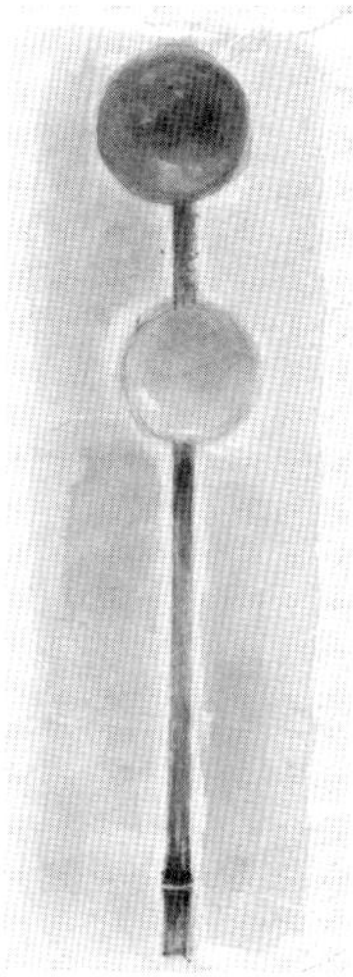

天の川

八月の風景

奇跡

宇佐美から乗り込んだ人の傘は少し濡れているようだった。

「まだ降ってますか？」「ええ、パラパラ」その答えに荷物を席に戻して、デッサンの許可を得ていた仏像展示館のある河津まで足を伸ばすことにした。

下田まで三駅という奥伊豆の河津に、七四九年、七堂伽藍《がらん》を備えた那蘭陀寺《ならんだじ》という大寺を行基《ぎょうき》が創立したという。陸地は海岸沿いまで山のせまる伊豆半島である。良港として、海路の東西交通の要衝地《ようしょうち》であった河津に、流刑となった都人が都の文化を運んだのだろう。平安時代ここに華開いた仏教文化ではあったが、室町時代の一四三二年、地震と山津波でほとんど全てが下の仏ヶ谷に流されて埋没してしまったのだった。一五四一年、湯治に来た鎌倉の南禅《なぜん》和尚が堂を建て、埋もれた仏様を探し掘り出してお祀りしたのが、展示館の仏像群がかつて収められていた南禅寺《なぜんじ》の起こりである。一八一四年に再建された現在の南禅寺堂に、数多くの破損仏が横積みになって置かれていると本で読み、各地に残るこうした破損仏に魅入られている私はワクワクしながら訪ねたのだった。

地震の折、かろうじて運び出されて無傷だった三体の仏様、時間と偶然が創り出した奇跡の形としか思えない二十四体の破損仏、神像は、今は広々とした清々しい空間で地域の人々によって守られている。展示館の世話をなさる佐藤悠一さんの、とても分かりやすい手作りの冊子で、京都国立博物館などで数度拝見して忘れることのできない宝誌和尚《ほうしわじょう》像がこの伊豆から京都西往寺《さいおうじ》に移されたことも知った。神通力のある怪異な中国の僧侶である宝誌和尚は、梁《りょう》の武帝《ぶてい》が画家にその姿を写させようとしたところ、指で自分の顔の皮を裂いて、そこから十一面観音が顔を出し、慈悲や威嚇《いかく》の顔に自在に変化させるので画家は描くことができなかったという逸話がある。そのため宝誌和上立像は裂けた顔の間からまた顔がのぞいているという姿に作られた。何ともSF的な、国の重要文化財である。

その日、たった一組来館された二人連れに、展示館の仏像群のほとんどが平安時代前期、九世紀の木彫の特質でもある榧《かや》材でできていることなど詳しく説明しながら、佐藤さんはデッサンする私に光の具合はどうか、温度はどうかと色々気遣っても下さるのだった。

　交通の便も悪く情報網も発達していない時代に都から遠く離れた地に息付いていた古《いにしえ》の文化の名残りを、何もかも便利になったはずの現代に殆ど訪れる人はいない。お蔭様で伸びやかに枝を伸ばした木立の中の館で、破損仏というより奇跡仏と名付けたい木彫群に囲まれて、時間と偶然が創り出した個体の違いこそ奇跡の証しなのだとその美に浸る、それこそ極楽のような上質の時間をたった三百円で満喫したのだった。

　天気の回復した翌日、宇佐美駅から会いたくて、描きたくてたまらない恋樹の待つ比波預天神社《ひはよてんじんじゃ》への道を歩いた。十五分ほどの道のりを民家の庭先や道辺に咲く花々が迎えてくれる。立浪草《たつなみそう》、十二単《じゅうにひとえ》、姫踊子草《ひめおどりこそう》、螢ぶくろ、紫蘭《しらん》、貝母《ばいも》、突《つき》抜《ぬき》忍冬《にんどう》、定家葛《ていかかずら》、都忘れ、姫檜扇《ひめひおうぎ》……洋種の花々に加え、その名前を覚えるだけでも楽しくなる和花の数々。どんな小さな花にも各々千差万別、形と色と香があって、人はひとつひとつに相応しい名前を付ける。こんなにも多くの花々が存在し、その命をつないでいることだけでも、奇跡なのだ。

「花、きらしてんのとちがう？」と殺風景な道喜の店先を心配して、お庭の茶花を届けて下さる大聖寺《だいしょうじ》さんは、歩いて二、三分の所にお住まいなのに、店のお客様を介して知り合った、今年九十九歳を迎えられる美しいお婆様だ。次々と、庭で育てられた季節の花を届けて下さってはその名を教えて下さる。京都三大奇祭の一つであるやすらい祭りで有名な今宮神社の出で、子供の頃、おやつが御神饌《ごしんせん》のお下がりの煮干しばっかりだったから骨が丈夫なのだとおっしゃる。下の名は平安の仏像たちの彫られた、長寿を特色とする榧の木の榧子さん。取材の撮影などで、忙しくて自宅が片付けられない時は、「大聖寺さん、次の〇曜日、お願い！」とお座敷まで借りたりしてお世話になっている。花も樹も人も自然なようで奇跡でもあるその出会いこそ、私の人生の宝ものだと思う。

雨に洗われて、一層鮮明になった伊豆の山の緑を左手に見て、比波預天神社への坂道を登ると、人けのない小さな社の入口で、一羽の青い鳥が低く飛んで私を迎えてくれた。恋樹のホルトの樹の前に荷物を置くと、奥底から深く光るような青い羽の鳥は、闖入者《ちんにゅうしゃ》にちょっと興味をもって、低く行ったり来たりする。「おはようさん。お名前は？」なんて聞いても答えてくれるはずもなく、後で娘にその特徴を話すと、どうやら仏法僧らしかった。

　年の差、九百三十四歳の恋樹も、一粒の種として地上に降り立って以来、少しずつ少しずつ成長しながら、切られたり、折られたり、裂かれたりしながら、私にはとても魅力的な、今の奇々怪々なる奇跡の姿を得たのだ。文字を書くことも、絵を描くこともできない樹は、生命《いのち》のエネルギーをしぼり出すように、永い年月の間、見たもの聞いたもの感じたものをその身をもって表現しているようだ。だから、その中には踊り子も、ノートルダムの鐘つき男も母子の姿も、磔刑《たっけい》の様子もマリア様も観音様も……様々な奇跡の形が刻み込まれている。

　地中にけっこう生息しているクマムシもマイナス二百七十度でも百五十度の熱さの中でも生きているというし、海のナマコだって潰しても元に再生するというし、サケもウナギも大海の中を間違えずに生まれた川に戻ってくる。地中も、地上も海も奇跡だらけなのだ。旅先の稚内《わっかない》、日本最北端の公衆トイレでたまたま横に立ったのが高校の先輩だった！　と大学の同級生が言っていた。大宇宙にぽっかり浮かんだ四十億歳の奇跡の塊の上を移動する者同士が出会うのだから、奇跡中の奇跡にちがいない。私が利用していた最寄のバス停前に、川端道喜が移転してこなければ、こうして今私が粽《ちまき》やお菓子を作ることも決してなかっただろう。主人が亡くなって、義母が倒れるまでのほんの数年の間に、雑誌の企画や和菓子の写真集の仕事がなければ、道喜のお菓子や献上品を網羅するほど勉強することはなかったに違いない。

私の思考の根幹となるアルジェリアの大地へ誘ってくれた人、店の仕事で絵が描けなくなった状況に、「菓子屋しながら、ゆっくり楽しんで描けばいいんやで」と絵を描く喜びを常に伝えて希望をつないで下さった恩師の石本正先生。「ちかちゃん、きっと好きやと思うで……これあげるわ」と友人の父でもある画家から貰った展覧会の図録をきっかけに、私のバイブルともなっている宮崎進先生との葉山の美術館での遭遇など、時はいじわるもするけれど奇跡の出会いというご褒美もくれる。

ぽっかり浮かんだ奇跡の塊の上で、ほとんど人の訪ねてこない恋樹を前に、「いや、すごいなあ」「いや、おもしろ」とひとりぶつぶつ言いながらデッサンする変な粽屋さんを生きるのも不本意ではない。これが私の奇跡にちがいないだろうから。

鮎粽

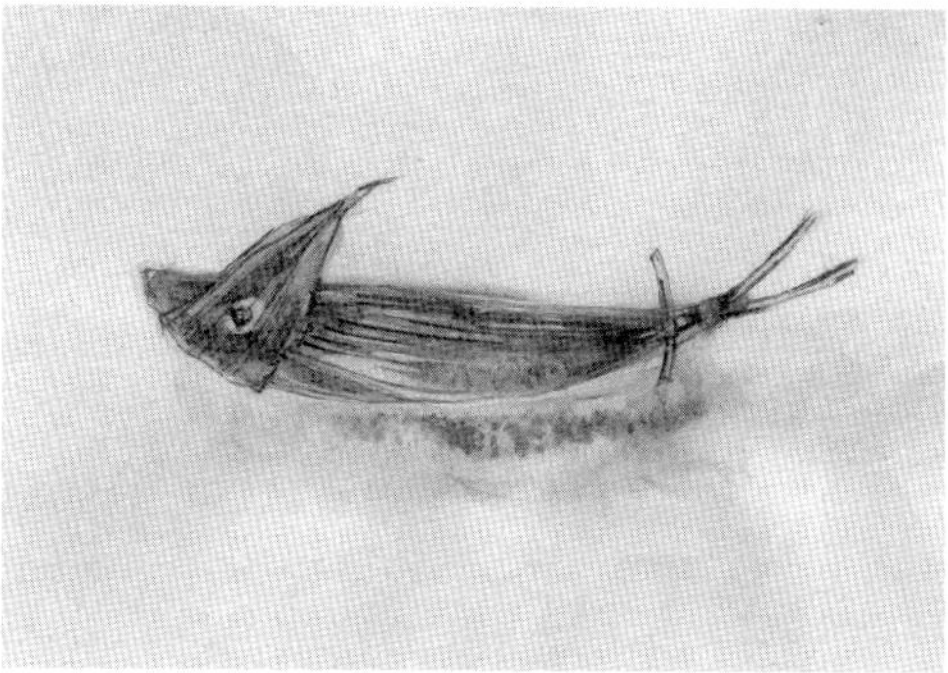

表向きには全体となっている八月だが、粽の五月や御菱葩《おんひしはなびら》の一月など、休日、祝日がかえって忙しい道喜の夏休みは、いつもできない整理や掃除が待ち構えている。欲ばって絵を描こうとするから、それこそ時間を大切に緊張して過ごさないと、あっという間に二十八日の利休居士月忌法要と、ここ数年ご注文を受けている鮎粽作りとなって休みは終了してしまう。

短いこよりの様にしたこし餡を、背骨のように水仙粽の中にとじ込めて、二枚の笹葉で包み、葉先を返して頭と胸ビレを形作る。三センチほど残した笹の軸は尾ビレになる。竹カゴに笹葉をしいて設《しつら》えるとなんとも涼しげだが、何だか小さなトビウオにも見えてしまう。いつか手の中に「鮎だ！」と納得のいく鮎粽が出来上がる奇跡が起きてくれないだろうか。

九月の風景

救い

人生の漂流によって私が私になる。
そこには私という突き放った人間への、私自身の旅がある。
発見や出会いを求め、私以外の何ものものもない
私自身になりたいからである。

美術家・宮崎進《しん》の言葉である。「私が私になる」、答えはこれだと思った。四十年後の奇跡の遭遇へと辿り着く、宮崎進への憧れの旅は一冊の図録から始まった。
大学では日本画科に在籍していたが、観念的に日本画的なもの—花鳥風月や京都といったテーマを自分のものとするには、私は少し収まりが悪かった。履修システムを使い、半年間日本画を離れて版画や写真作品を作ったが、どこにいても

何も変わるわけではなかった。一つわかったことは、自分が垢抜けたデザイナー的なタイプではなく、原始的な手触りに感応するタイプの人間だということだった。高圧シャワーで写真製版の溶剤を流し落とす作業、カシャッというカメラのシャッターの手応え、削ること、彫ること、ひっかくこと、およそ現代のバーチャル何某とかには程遠い質の感触に一喜一憂していた。

一日中カメラを持ってうろつく内、倉庫の中で埃をかぶった秤《はかり》や、電柱に張られたままボロボロになったポスター、そこに絡みつくヨレヨレの針金……。そんなものに心くすぐられて作品にしたのだった。テニスコートに放置されたぐるぐる巻きのネットは、胎児のように蹲《うずくま》る私自身だった。一見無機質で人間とは異質に見えるものも、すべては内へと向かう自画像となった。

「女は自分を描けばいい」と恩師の石本正先生は言われた。むろん自分の身体や顔を鏡に映して描くという意味ではない。母体として生命を宿し、その循環を身をもって体現する宇宙のような存在……。

「好きやと思うで……。あげるわ」と宮崎進展の図録を貰ったのはちょうどそんな絵を描いていた頃だった。月あかりのほの暗いテントの中で、脱ぎ散らかした

ものと、自らも脱ぎ捨てられたもののように踊り子たちの腕や顔や脚が白く浮かんでいた。女たちの哀しさやしたたかさが画面の隅々まで漂っていた。

大阪フォルム画廊だったと思う。作品を買う客には到底見えない年格好の私に図録を進呈してももらった。忙しくて行けない私に、地方展の図録を送って下さった方もおられた。いろいろな人たちが私を宮崎進へと誘《いざな》ってくれた気がする。もちろん自分で高価な画集も頑張って買った。若僧には身分不相応な作品を、小さいけれど一つ手に入れもした。

画集の中の文章から、宮崎進の天才振りが、周囲が放ってはおけないレベルだったこと、十三歳で旅廻りの芸人たちの小屋の書割《かきわり》や道具の制作を手伝いながら絵の勉強をしたことなどを知った。純粋な少年の目には、生きる人間の、生きて行く人間の真の姿が滲《し》みるように映ったことだろう。

あれからどのくらい経ったのだろうか。あの頃の子供心を埋めた驚きの光景は、少なからず私の制作を刺激したが、私が芸人の世界を描いたのは、単に郷愁でも回顧でもなく、対象の特異性でもなかった。社会の吹き曝《さら》しに生きる丸ごとの人間の姿をそこに見るからである。

　彼女はどっかりと大地に根を張る雑草を思わせる。放浪の芸人として、実にしたたかである。執着するものや、失うものもなく身軽に生きていた。

　絵のみならず詩のような文章から、宮崎進の世界にどんどん引きずり込まれた。彼はまた運命的な奇跡を生きた人でもある。一九四二年、二十歳。広島市で陸軍に入隊するが、大陸の大地をその目で見てみたいと、誰も望まない外地勤務を敢《あ》えて一人希望し、ソ連国境の守備についた。その後、留まっていれば運命を共にしたはずの本隊は原爆で完全消滅したのだった。一九四五年八月、東北満州で終戦を迎えるが、後方への伝令任務を受けての離隊中、その部隊は玉砕し、またしてもたった一人の生き残りとなった。その十二月、「ダモイ（故郷へ）」「トウキョウ」と言われて積み込まれた列車はシベリア鉄道をコムソモリスク付近の収容所に向かったのだった。

　一九四九年十二月、二十七歳。合わせて七年間の戦争とシベリア抑留を経て舞鶴に帰還するも、周囲の人々の援助もあり画業を再開すると、裏日本、東北、北海道一帯を放浪する。洋画の芥川賞とも言われる安井賞も受賞し、当時では将来の画壇での地位を保証されるとかいう日展の審査員の依頼がきた時、宮崎進はヨーロッパへの長旅に出て、それ以降日展への出品を辞めてしまう。すべてを拒むようなシベリアの大地に生身をさらした者、そして故郷への帰還を果たせなかった同胞をシベリアの大地に葬った者、その地で生命の根源に触れた者として、保証された画壇の地位はあまりにも空々しく無意味なものに思えたに違いない。

アトリエを構えたのはパリでも職人の町として知られるマレー街だった。人間が呼吸する街で、宮崎進も人間の息をとり戻す日々を過ごしたのだろう。シベリアシリーズで知られる同郷の画家、香月泰男《かづきやすお》が「自分は二年、君は四年（シベリア抑留期間）なのだからシベリアは君がやる仕事だ」と言って背中を押してくれたという。ようやく始めたシベリアの作品は、具体的な表現からどんどん根源的な世界になっていく。ドンゴロス（麻袋）のシベリアの空をボロボロの羽を大きく広げて舞う鳥は、宮崎進の姿そのものだ。

たとえ画集の中ではあっても、宮崎進との出会いが後にどれほど私に救いや希望や歓びを与えてくれることになるか、その時は知る由もなかった。「絵を続けたらいい。描ける時に描けばいい」と言って、主人が探してくれる家には将来アトリエに使えるように天井の高い広めの部屋が必ずあった。口には出さない主人の優しい配慮をひしひしと感じていた。店にほど近い現在の自宅に越して二年も経たない四月に四十五歳で主人が急逝すると、想像もしていない生活が始まった。

ちょうど息子は中学生になったばかり。「せめてお弁当は手作りで」という思いと、週六日のデパート納品で朝はいつもバタバタクタクタだった。けれど哀しいとか辛いとか、感情の起伏のない、真空の中にいるような不思議な心もちでいた気がする。目の前の用事をこなすだけで精一杯の日々を送っていた。深夜、店から自宅に帰る途中、月明かりに照らされた、見たこともない不思議な雲に出会ったりすると、その夜空をまるごとお駄賃にもらったような気にさえなった。絵筆をとる余裕はなかったが、帰宅して宮崎進の画集を広げると私は違う世界に誘われて現実を忘れた。

香月泰男のシベリア作品「伐」のコメントがある。

巨木が雪煙りをあげて倒れると、目の前に大きな切口があらわれた。松の赤い樹皮と、見事な同心円を持つ年輪の肌は、たとえようもなく美しかった。あたり一面の雪の中で、それは能舞台のようなすがすがしさで、はげしい疲労を一瞬忘れさせてくれた。

美には人を救う力がある。

自宅で療養していた義母が亡くなって、店の皆で山口県の香月泰男展に出向いた。やがて訪れる出会いを予兆するかのように、そこに同時出展されていたのは、私が飽かず見ていた宮崎進の作品「昼」や「黄色い壁」だった。その後、神奈川県葉山で宮崎進展が開かれていると知った。美術館の入口に掲げられた先生の近影を確認すると、特別な思いで何時間も作品を巡った。そして奇跡の遭遇を果たしたのだ。

既にパーキンソン病を発症されて車椅子の先生は、四人の方に付き添われておられた。二人が先生から少し離れられた時に、どうしよう、何と伝えようとドキドキしながら「宮崎先生ですよね。私、大好きで一枚持っています」と（もう少しましなことを言えなかったものかとは思うが）言うと男性の方が「私は九十九点持っています」と返答された。お話をしている内、社交辞令だったかも知れないが、女性の方（ずっと世話をされていたトミエさん）は「あなた、何だか昔から知っている人のような気がするわ。また鎌倉に遊びにいらっしゃいね」と言って下さったのだ。天にも昇る思いとはこんなことを言うのだろう。この場とこの時の為に今までの時間があったようにさえ思えて、十五年私を救って下さったお礼に川端道喜の粽《ちまき》やお菓子を召し上がってもらいたいと思った。粽は私の感謝の思いをちゃんと届けてくれただろうか。

道は切り開くものなのか、誘われるものなのか、いずれにせよ、曲がっては突き当たるあみだくじのような人生の末《ゴール》に待っているのは私自身に他ならない。

九月のお菓子にお彼岸の萩の餅と重陽の節句の菊花餅ははずせない。

萩の餅は、子供の頃、地道の端に乾いてパウダー状になって溜まっている土に、水を少し混ぜて作ったピカピカの泥だんごに似ている。「これでもか、これでもか」というほど硬く炊いた餡を使うが、最初は、「硬く炊くように」と言われても、この硬さの加減がわからず、芯にしたお米の水分を餡が吸って、時間が経つと丸い餅がへたってしまった。食される頃にはもっと餡は軟らかくなるだろうし、水分

菊花餅

を吸われた芯は硬くなるだろうしと、その不出来に泣きそうな気分だったこともある。亥の子餅や萩の餅など、その顔がシンプルなほど出来の良し悪しが如実になって、ごまかしがきかない。

菊花餅はへラ入れでの花弁の表現や、花芯の焼印で、少し手が込んでみえるが、ちょっとしたことでどうもおままごとの南瓜に見えてしまう。

お菓子は作るより食べるほうがいい……。

十月の風景

CHILDREN OF MEN*

＊映画『トゥモロー・ワールド』（２００６）原題

たいていは期限の切れた、ピザ屋さんのクーポンか、熱が冷めて、今となってはもう作ることもなさそうな料理のレシピとかだが、冷蔵庫の扉にマグネットで留められた雑多な紙片の中に、たった一つシンプルな薄桃色の封筒がある。裏には「ママおたんじょう日おめでとう」、表には嬉しいような恥ずかしいようなメッセージが鉛筆で大きく書かれている。

久し振りというより、二十二、三年越しに中身を見ると「おとなしくママのいうことお（を）ききますけん（券）」、三じかん一枚、二じかん二枚、一時間三枚、三十五分二枚、三十分二枚が入っていた。使用時に穴を開ける○印まで書いてある。おまけに一枚、何分でもいいいという券があって、これは三十回使えると書いてあるが、○穴印は三十三カ所ある。せめて肩たたき券か、お掃除手伝い券なら使い易かったのだが、「おとなしくいうことをききます」という響きにたじろいだのか、私はこの息子のギフトを使えないまま冷蔵庫の扉に二十数年留めたままにしていたのだ。人の言うことを聞くのも、人に言うことを聞かせるのもあまり好きではない私に、何にでも使えるという意味なのだろうけれど、おとなしくいうことをきくという表現はちょっと気が重い。加えて、ピザのクーポンと違って有効期限がないのだ。子供たちの世話はもちろんしたけれど、育てたという実感はあまり無いし、むしろ子供たちによって私が育てられたと言った方がいい。それに何という楽しい時間を私は子供たちからいっぱいもらったことだろう。

『裸の大将放浪記』で、山下清が母親に会えそうで会えないすれ違いのシーンを見て嗚咽《おえつ》していた息子はまだオムツをしていた。二つに割ったおせんべいの大きい方を少しかじって、ちゃんと半分にしてくれた。夏場には暑いだろうと買い替えてもらった半袖半ズボンのウルトラマンスーツを着てみて、「これは違う」と思ったのか、またもとの分厚い長袖長ズボンのウルトラマンジャージに着替えていた。お面を被って水色のゴム長を履いて数年間彼はウルトラマンだった。機嫌を損ねて、狭くて危ない川の側壁に走り込んだ女の子に「思い出してごらん、楽

しいことも色々あったじゃないか云々」と幼稚園児の息子がドラマ仕立てに、早く戻るように説得していた。母の日にくれた造花のカーネーションについては「これなら来年も使えるから」という経済効果の説明つきだった。鬼太郎への変身は妹にも受け継がれて、おばあちゃんに買ってもらった上等の洋服は箪笥のこやしにして、お下がりのヨレヨレTシャツにズボン、下駄に縞のチャンチャンコで兄の小学校の参観日にも意気揚々と出向いたものだ。子供たちからもらった幸福の記憶は尽きることはない。

　ピカソは自分が産道を通って、生まれた瞬間の記憶があると言っている。ピカソでなくても人は母胎の中にいる時から、各々感情や思いのようなものをきっと持っている。母に抱かれた赤ん坊の時の写真で、私がどうやら疳《かん》の強い子であったことが窺える（カワイクナイ！）。近所のご婦人にあやしてもらったのに、スーッとそっぽを向いた私を「笑わへんお子やなあ」と言われたと母から聞かされた。実際、モノトーンの印象のそのご婦人を、大きくなってからも何となく好きになれないでいた。隣のおじちゃんに、お気に入りのワンピースを着て写真を撮ってもらった時の、嬉しくても、ちょっと照れくさい心持ちが記憶に残っているが、意外にもまだオムツをしている時のことだ。

又甥《またおい》で小学校一年生の睦貴《むつき》君は、大人たちがつい「臭い、臭い」と言ってしまう十五歳の老犬を「アンディは臭くない！」と庇《かば》って一緒に寝ているらしい。数日前には、爆撃を受けて瓦礫《がれき》の下敷きになった五歳の瀕死の少女が、七カ月の妹をずっと離さないで守っている写真が報道されていた。子供たちには既に立派なひとりの人間としての人格が具《そな》わっている。

動物行動学者の日高敏隆氏が病弱だった子供の頃を回想しておられる番組を見たことがある。軍事教練の厳しい優秀校で辛い日々を送られて、子供ながら死ぬことさえ考えたという。学校を休んで蝶を観察している内に、広い空間を飛び交う蝶にも行く道筋が決まっていることに気付いたということだった。理解ある教師の両親への説得で、晴れて転校の後、長じて昆虫や動物の行動を研究された氏は、人間が戦争を起こしてしまう生き物であることを認識して、いかにそれを回避するかを学ぶことが動物行動学の目的だと結ばれていた。

娘はうまいことを言う。「私は学問は好きやけど、勉強はキライ。何故って勉強は勉《つと》むることを強いるけど、学問は学び問うことやから」だと。なるほど、と納得してしまう。結構いい年まで風呂敷ひとつでヒーローに変身も出来たし、道草もじゅう分楽しめた世代の私は、大きなお世話かもしれないが、学校帰りに学習塾のスクールバスに乗り込んで勉強をしに行く子供たちが気の毒で仕方ない。屋根の上から眺める夕日や、ひんやりした押し入れの奥で聞く家族の声、自由気《き》儘《まま》な解放されるべき子供の時間をいつ過ごすのだろう。

私が両手をひろげても、
お空はちっとも飛べないが、
飛べる小鳥は私のように、
地面《じべた》を速くは走れない。

私がからだをゆすっても、
きれいな音は出ないけど、
あの鳴る鈴は私のように
たくさんな唄は知らないよ。

鈴と、小鳥と、それから私、
みんなちがって、みんないい。

（金子みすゞ「私と小鳥と鈴と」）

金子みすゞが詩《うた》ったように、各々違った形をした自分という箱に、自分の好きなものや学んだこと、感じたことを自分の速度で詰め込んで、いっぱいになったらまた少し成長した自分の新しい箱をその上に載せて……と、そんな若い日を過ごせた私の世代はむしろ稀有《けう》なのかもしれない。
身体全体で感受したものは、心の奥深くに浸透するに違いない。自宅と店とスーパーの三角形を忙《せわ》しく移動するばかりだった十数年の間に浦島太郎状態になった私は、ラッキーな時間の記憶が詰まった箱の上に、バーチャル何某とか溢れる情報を素直に喜んで詰める箱を載せられないでいる。

火を発見した時も、産業革命の時もいつだって、時代に取り残された人たちは沢山いたに違いないけれど、技術進歩の加速度があまりに大きい今は、自分の五感六感で吟味する暇もないまま、情報が良きものと判定した箱に列をなす人々を沢山生み出しているように見えて仕方ない。

元来ひとりひとり違う子供に、大人の都合で形も大きさも質も同じで管理しやすい箱を早く用意するばかりの価値観をおしつけてはいけないし、言うことを行儀良くきくことばかりを良しとする社会は、どこかで悲鳴をあげて生気を失うにきまっている。利潤と効率を追求する頭脳は便利さを普及させたけれど、豊かさの意味まで見失わせてしまった。千五百万円のクローンペットを自慢する人は、マンホールチルドレンの存在を知らないのだろうか、知ろうとしないのだろうか。自然に還らないプラスチックゴミの話を聞いて嘆いていておきながら、忙しいお昼にコンビニのプラスチック容器のお蕎麦を利用してしまう大人（私）の言うことなど、おとなしくきいてはいけないのだ。誕生日プレゼントにもらった券は使われないまま、幸福の記憶として冷蔵庫に留められ続けることになるだろう。

御玄猪餅

十月の終わりから十一月始めは、炉開きや口《くち》切《き》りの茶事に使われる亥《い》の子餅《こもち》を作る。もともと宮中の御玄猪《おげんちょ》という儀式に、代々の天皇が小さな臼で赤と白と黒の碁石大の小餅を搗《つ》く真似をして（実際のものは道喜が作っていた）、公家百官らに、各々の官位によって色、数を組み替えたその小餅が下賜《かし》された。一の亥の日は菊と忍草《しのぶぐさ》、二の亥の日はいちょうと忍草、三の亥の日は楓《かえで》と忍草の添え花がつけられ、旅のお守り、特に船旅のお守りによいとされた。この儀式が江戸に伝わる中で庶民性を得て、多産な猪にあやかって安産のお守りにすり替えられたらしい。「おつくつく」という天皇のお餅を搗く所作と共に歌われた歌の内容は、民、万民の平穏と豊穣を祈るものだった。

十一月の風景

無名

腹筋の弱さを思うと、実際に登ることは今のところ諦めざるをえないが、倒木に苔むすような森やごつごつした岩肌の映像が流れると、早く寝ればよさそうなものなのに、一時間でもつっ立ったまま見入ってしまう自分がいる。よく山や高原の風景を描いていた父のスケッチとその右下に書き留められた地名の記憶から、登ったこともない山々にかなりの親しみを覚えている。先日送られてきた母校の同窓会誌『象』の記事の中に、京都芸大山岳部の最後の部員の一人として私の名前を見つけることができた。ワンダーフォーゲル部が八ヶ岳に行く夏の合宿に、山岳部は当時今熊野《いまくまの》にあった芸大から日本海に、定規で一直線を引いてそこを行くという計画。下見に行った先輩が（当然のことながら）無理という答えを出して、合宿は京都北山だったか比良《ひら》山系の身近な山になった。学校近くの神社の石垣で、地面から三十センチばかりのところを蜘蛛《くも》のようにへばりついて、通る人の失笑を背中に感じながらの三点確保という岩登りの練習。ほんの数回、形ばかりだったが、大原のホワイトチムニーという岩壁でアップザイレンというザイルを使った岩壁降下の訓練もした。沢登りの後に続く熊笹の藪漕ぎには、なんでこんな部活をしているのかと悔やみもしたし、大の字になったまま身動きとれず、滝に打たれてびしょびしょになって、結局滝壺に落ちるしかなかったこともある（滝の中を渡らなくても横に道があるというのに）。青春映画のワンシーンにでも使えそうな思い出はあるものの、登頂の達成感よりも体力不足の実感の方が大きくて、どうやら私の山好きは、時間と自然と偶然が共同で作り出した岩山の風合いや造形や質が心底好きなことに由来しているのだと思う。とんでもない形をした老樹や破損した古仏に共通する魅力を感じるのだ。

岩手県の松川二十五菩薩像は、時間と偶然の神様が、よくぞこんな美しい形を残して、どこかに頭部や腕を持ち去ってくれたものだと思うほど美しい。完璧な形の二十五菩薩像が京都の即成院に重文として大切に残されているが、松川の仏像たちは破損によって仏の形から美そのものの形に解き放たれたのだと私は感じている。

「もはや彫刻とは呼べない、大きな木のかたまりである。頭も、手も失われ、全身真黒焦げに焼けただれているが、すらりと立ったこのトルソーは、いかにも美しい。これは正しく自然の木に還元した菩薩の像である。地獄の業火に焼かれ、千数百年の風雪に堪えて、朽木と化したその姿は、身をもって仏の慈悲を示しているような感じがする。（……）よほど原型が優れていたのであろう。ふと私は、曙光の空にほのぼのと立つ観音の幻を見たように思った」と、さすがな筆力で白洲正子が『十一面観音巡礼』の中で表現した奈良県大和郡山市の松尾寺の秘仏トルソーも、昭和二十八年の本堂解体修理中に、布に包まれた状態で発見されるまで、天井裏で七百年じっと待って「美」そのものとして蘇ったのだ。

学生時代に見た、左頭部や右頬が剝げ落ちて、残った右眼が妖しく美を放っている東大寺三月堂弁財天立像が忘れられなくて、「凄いの見せたげる――」と娘を伴って数年前、三月堂に出向いたのだが、無残に修復されたのか、ケースに入った像はつるっと全く別物になってしまっていた。

ほとんど視力を失ったミケランジェロが晩年に辿り着いたロンダーニのピエタは、自らの内から求める美のためにのみ、ひたすら彫られた結果のその形のような気がする。ノミ痕も荒々しい顔面と、異様な位置に長く伸びる腕。王宮からの依頼ならつき返されそうな作品だが、自然と偶然と何百年もの時間のみが創り出すことのできる破損仏のような美を、晩年のほんの短い時間の中で彫り出したエネルギーこそ、ミケランジェロの天才たる由縁だと思う。そしてミラノのお城の美術館の一室のど真中に置いて、教科書的ではないその美しさを認めるイタリア人の審美眼はさすがだとも思う。

岩手県立美術館にある舟越保武《やすたけ》氏のキリストの頭部は、氏が倒れて不自由な身体になられてからの作品であるが、それまでの氏の優れたどの作品よりも、私には数段も何倍も魅力的だ。同じく彫刻家のご子息の桂《かつら》氏が、「おやじはあの首を創るために倒れたと言ってもいい……」とそんな表現をされたとも聞いた。力量のある人がその名声や地位を越えて、捨てて、自分の心の声のみを信じて生み出したものこそほんまものとして存在できるのだろう。

　包括授遺者となってその作品を保管している岸真理子さんの紹介で、数年前に日本でも評判になったロベール・クートラスは、名声や地位よりも自らの美を求める魂に従ったために貧困を生きることとなった天才である。第二のユトリロ、第二のビュッフェとしてパリの画廊が彼を売り出そうとしたが、納得行くまで丁寧に仕事をするクートラスに「もっと早く」「もっと枚数を」という画廊の要求は、彼を長すぎる貧乏生活に逆戻りさせた。ロマネスクの教会の中で出会う、柱の上の高い所に、悪徳や美徳を表現するために彫り出された騎士達や、農作業に励む人達の顔には、なんだかずっと昔からの日常が溢れている。誰が作ったのかと問われることもなく、そのもの自体で生まれて年老いて美しくなっていく作品をクートラスは好きだった。カテドラルの作品を見ているとその作者というようなものはまったく浮かんでこない。キリストも聖母マリアも十二使徒も、天使達も一人で生きている。そう、岸さんはクートラスの心の思い出を綴られている。

「闘うべきは内なる卑しさ、守るべきはまだ少しは残っているだろう高潔な魂」なんてことを少し前に意識して肝に銘じていたことがある。意識しないといけないのだから、自分の中にまだ卑しさを感じていたに違いない。いつも感動を与えてくれるのは、「卑しさ」という言葉も知らないでポロッと、でも堂々と生きている人の存在だ。アンデスの山で掘った美味しい天然氷を安い安い値で麓《ふもと》の店に売りに行くロバに乗ったおじさんがテレビで紹介されていた。そのおじさんに会いにペルーに行くのもいいなと思ったほどだ。

このごろは歌わないらしいが、私は「仰げば尊し、我が師の恩（……）身をたて名を上げやよはげめよ」と卒業式の度に歌わされた世代だ。本当は、次に「身を捨て、名を消し――」と続けてほしかった。富や名声を求めない心は稀有《けう》であるけれど、才能にも運にも恵まれた人間の最終目的が富と名声ならちょっとつまらない。

「人生は何を得たかではなく、何を捨てたかだ」と一人の写真家がドキュメンタリーの中で言っていた。

「『いっそ言葉など覚えるんじゃなかった』、田村隆一の詩のパクリです」、と言って歌う秋田県出身の友川カズキは、大島渚監督から『戦場のメリークリスマス』で坂本龍一が演じたヨノイ大尉役を最初に依頼された歌手、詩人、画家である。依頼の際「訛《なま》りをなんとかしてほしい」という要求に「訛りはおれの血液型みたいなもんだ‼」と出演を断ってしまったらしい。

石見《いわみ》人気質というのだろうか、恩師の石本正先生は「貰《もろ》たらいろいろじゃまくさいやろ」と言って、同じ島根県出身の河井寛次郎は「一陶工でいいです」と言って、多くの作家が運動をしてまで手に入れようとする賞を断ってしまった。

せっかく「─ミヲタテナヲアゲ─」と歌わないですむようになったというのに、むしろ現代は証書や賞や、資格、認定といった外側ばかりを求める時代になってしまった。個人が自分で内側の本質を見抜いて判断する自信を失ってしまった時代なのかもしれない。

高速道路を逆送する前に、数年後運転免許を返納すれば、私は目出度く無資格となる。その時、強くはないけれどお酒を一杯くみ交わすとしたら、あのアンデスの氷掘りのおじさんがいい。

道喜の十一月はなんだかずっと忙しい。ホワイトボードは毎日の粽に加えて、

銀杏餅

炉開きの茶事御用、デパートの催事、週末ごとの生和菓子、そして十九日の宗旦忌、二十八日の利休月忌……と予定で埋めつくされる。

　表千家さんと裏千家さんの間にある、三千家の流祖となる千宗旦お手植と伝わる大銀杏（宗旦銀杏）から採れるぎんなんが、十日頃に内殻にまで準備されて届けられると、狭い店の中はぎんなんのアノ臭いがどことなく漂うことになる。

　分厚い板の上にぎんなんを一粒ずつのせて中味までも潰すやら指先も叩くやら、学生アルバイトさんに夜な夜な手伝ってもらいながらトンカチで割っていたそんな日々も今は懐かしい。

「見つけた！」と喜んで買い求めた銀杏割りの穴をすり抜けるほど、宗旦銀杏の古木の実は小さくて、その道具を使うことはできなかったが、この小さな実の中に味が濃くしっかり詰まっている。

十二月の風景

家族

「絵は心で描くんやな、心で……」。店の仕事ですぐには応答できずに留守電に入っていた恩師からのメッセージは、たいてい、この「心で描く」ことについてだった。相槌のない留守電のことゆえ、石見《いわみ》地方のイントネーションの残った恩師の声は、所在なげにだんだん小さくなって切れるのが常だった。制作の途中で湧き上がった思いを誰かに伝えたくて、どうやら何人かの教え子に電話されるようだった。

「散歩してたらなあ、塀の苔がボッシュの絵みたいなんや！」。嬉しそうにそう電話で話された数日後には、そんな苔の塀から着想を得た作品が創られていた。

主人が亡くなって、私が道喜の仕事を抱えるようになったばかりの時は、「菓子屋しながらゆっくり楽しんで描いたらいいんやで……」と何回も何回もくり返してお電話下さったことに、私はどれほど勇気づけられたことだろう。

結婚前、不思議なタイミングの電話をいただいたことがある。「君は去年自分で行ったから、もう行かんやろ⁉ 君のお父さん行ってくれやらへんかなあ」。既に何度か実施されていた、学生を伴ってのイタリア・フランス・スペインの旅ほどには人数の集まらないユーゴスラヴィアのスケッチ旅行に父を誘って下さったのは、ちょうど父が心筋梗塞で急逝したばかりの朝のことだった。「実は先ほど、五時過ぎに亡くなったんです」。父は死んでからも私のことを心配して、恩師の石本正先生に私のことを託してくれたのかもしれない。

この電話ばかりではない。父の亡くなる前後の日々はウソだと思われるほど不思議なことがいっぱい起きた。父ほど自分の位置をちゃんとゼロの位置に戻して、見事に旅立った人を私は知らない。

「このごろ、わしは宇宙と一体になったような気がする……」。そう言ったのは亡くなる一週間ほど前のことだった。

二歳にもならずに他界した次男の小さな墓碑が、松ヶ崎の山の墓地で朽ちそうになっていると言うと「わしがちゃんと連れて行くから心配しんでいい」と返答したその通り、もう溶けて遺骨とてなく、埋められていた小さなお茶碗付近のそのひとにぎりの土が、新しく建てられた父の墓に一緒に入れられることになった。折しもそれは、私が生まれる前に亡くなった兄のちょうど三十三回忌にあたる年でもあった。

その小さな兄の遺骨を拾うべく、私は経験しようにも、めったにすることのない墓掘りをしたことがある。残念ながら父には見てもらえなかった東京での初個展のその中日《なかび》に京都に戻って、長兄と姉二人、私、懇意にしている愛知県みよし市大覚寺の大澤氏でとりあえずシャベルやスコップを持って山に向かった。区役所で尋ねると、小さな用紙一枚渡されて、名前や日付を書き、印を捺《お》すくらいで墓掘りは許可された。その書類をポケットに入れて、「明るくやろう！」なんて深層心理が働いたのか、私の出で立ちは何と赤と白の横縞のTシャツに自作のハーレムパンツ、長靴までが赤かった‼　戦後のどさくさで行き倒れた人でも埋葬されたのか、小さな子供の背丈ほどありそうな大人の骨が出てきたものの、小さな兄の骨が出てくることはなかったが、弟を葬った時のことを思い出して、長兄は涙と鼻水でぐずぐずになっていた。傍らで唱えられていた大澤氏の読経の声と線

香の煙だけが行っていることを儀式として成立させていた。

通夜の席でも不思議なことが起きた。父は堂本印象《どうもといんしょう》の画塾・東丘社《とうきゅうしゃ》に所属していたのだが、その画塾の後継者候補のひとりであるD氏の数珠が切れて、目の前で部屋の畳にパラパラ転がったのだった。そしてその時、家の外の列ではもうひとりの後継者候補のI氏の数珠も切れて、ちょっとしたさわぎになっていたのだった。

D氏と父は随分信頼しあっていたのだろう。精緻な絵を描かれる俳優のような端正な顔立ちのD氏が、実は原爆の後遺症で片眼の視力がないこと、爆撃で海中に放り出されて「もう諦めて死のうと思って海の底まで行ってはまたブクブク上がってきてネ、何回かそうこうしている内に流れてきた木片につかまって助けられたんですワ」と戦争の体験を臨場感をもって語られた。襖の向こうから、「ここだけの話ですけど……」と何やら意味ありげな言葉が聞こえたこともあった。「恒象《こうしょう》さん（父の画号）は社会的には随分貧乏くじを引かれたかもしれないけれど、家族に恵まれて、芸術家として純粋に一生を全うされたことは、幸せだったんじゃないですか。ある意味羨ましい……」と父のことを偲んで下さった。

家にクーラーのない時代、夏にはクレープのシャツやステテコ姿で制作している時でさえ、雑然としたアトリエの父が座る一メートル四方はどこか聖域めいたものがあった。

学校から帰ると元々、共に画家を志していた母が、父の横に座って絵具を溶いたり、手紙を清書していることがよくあった。父の制作途中の作品に何か母が口出しをしたのだろう、三河訛《なま》りで「黙っとれぃ」とたった一度、父が母に向かって言ったのを聞いたきり、両親は仲が良かった。母はデパートに行ったり遊びに行ったりすることもほとんどなく、父の好きな緑茶を淹れてはそっとアトリエに運んでいた。

四人兄妹の末っ子だった私は末っ子の特権で父の胡座《あぐら》の中にもひょいと座ったし、「何か絵描く紙ちょうだい」と言ってアトリエにも気楽に入った。後で金本位制のことだとわかったけれど、「大人になってお金持ちになったら金《きん》で貯めなさい」という小学校の先生の言葉を聞いて、「お父ちゃん、絵が売れたら金の延べ棒買いや!」とランドセルも置かずにアトリエに走ったりもした。現在、ちょうど川端道喜の店がある場所に小さなタバコ屋があって、そこに父の使いで走ることが私の役目でもあった。一番安い「しんせい」からちょっと上等の「マイルドセブン」を所望された時は何となく嬉しかったのだが、タバコが身体に悪いと知って、一生懸命お小遣いを貯めた私は、商品棚に飾られていたパイプを父の誕生日にプレゼントした。吸い口がカーブして、つるっと磨かれた上等の方は私には高くて買えなかったが、まっすぐで粗彫りの安いパイプに、まずかったかも知れない「桃山」をつめて、父は私の前ではしばらくパイプをくわえてくれていた。

サラリーマンの家庭のように、休暇に家族旅行に出かけたりすることはなかったが、家に帰るとたいてい両親がいたし、夕暮れにはよく父と手をつないで散歩にも出かけたが、そんな時、本当は子供の時の髄膜炎の手術の傷跡を「戦争の負傷の痕だ」と、その傷のために戦争に行っていない父が子供の私にウソをついた。

毎日のように父は、生活の為の小さな絵を描いていたが、展覧会の大きな作品は会が終わるたびごとに家中を狭くしていった。あまりあくせくせず、父を第一にしていた母だが、「お父さん、こんなにいっぱいの作品、どないしますの?」と聞くと父は空《くう》を見つめて、「ほら、ええ展覧会ができるがな」と空想するように答えたのも他界する数日前のことだったらしい。

「二十までは面倒見てやる」と画家を志す私に言っていた通り、父は私がちょうど二十歳の時に亡くなった。既に条件の良い女子大に職を得て、少しは余裕のあった私は遺作展を企画するよりなかった。京都と郷里の豊田市での展覧を開催したのだが、日本が経済的に良い時期だったこともあって、父の大きな作品は一年に二点ずつ豊田市に買い上げてもらえることになった。遺作展を見た当時の市長が、「郷土出身作家の作品が、こんなに美しく残されているのは素晴らしい」と好意を示して下さったのだ。そしてその補償は、母の残る二十数年の生活を支えたのだった。自分の夢を捨てて父に寄り添った母への感謝の気持ちは保険金でも遺産でもなく父の作品によって成されたのだった。

声を荒げることなく、淡々と「清」を生き抜いた父の一生は見事としか言いようがない。

思えば私を既に十代の時に道喜につないだのも父だった。お世話になった方や大切な方への返礼はたいてい道喜の粽《ちまき》に決まっていて、松ヶ崎の実家から当時上賀茂にあった道喜まで、予約した粽を受けとりに行くのは私の役目であることが多かった。お使いのお駄賃だったのか、たいてい一本おまけを貰った。
その粽を巻いたり、その頃は存在すら知らない他のお菓子を作ることになるとは……。

「元禄十年（一六九七）十二月十三日」と墨書きされた、下底二十センチほどの台形をした袴腰餅の木型が残っている。この袴腰餅が煤払いの儀（大掃除）の後で下賜されたという。もともと十二月二十日以降に行われていた宮中行事の煤払いの儀が、墨書が示すように十三日に移行していることで、この頃既に徳川家（江戸城）のしきたりが御所にも根付いていたことが窺える。

朝から天皇さんが桂か修学院の離宮に行幸している間に、ふだんは男子禁制の常御殿の中を、緋袴の女官、黄袴の公家、白袴の六丁衆がその袴の腰板の台形をうろうろさせながら大掃除したらしい。その形をお菓子で登場させるとは、なんて愉快な発想なんだろうと、私は茶席用に工夫されて餡がほんのり透けて見える台形の袴腰が大好きだ。

袴腰が終わると試みの餅（御菱葩の牛蒡を包み込んだ形のもの）作りが待ち受

袴腰

けている。御菱葩で始まり、試みの餅で締めくくられる輪のような一年のなんとあわただしく過ぎていくことだろう

おわりに

父のことについて、いつかどこかで書き記しておきたいと思っていた。茶道誌の記事に相応しいか少し不安であったが、父の生き方は茶の心（心得ているわけではないが……）にも通じる気がして、許してもらうこととし、「なごみ」の連載を無謀にもお引き受けしたのだった。しかし、案外、日常に私の頭の中をぐるぐる巡っていることは沢山あって、父のことを書いたのはとうとう最終号になってしまった。

けっこうな字数を頂いても、父のことについてはまだまだ書くことがある。親子とは言え一緒に過ごす家族の時間が潤沢にとれない現代のことを思うと、私はかなり特異な、そして幸福な温もりの中で成長したと言える。

「正札どおりの人やなあ」と父を評した絵描き仲間がいる。面白くなさそうな人間を表現しているようだけれど、そのウソの無さが、駆け引きの無さが昨今ではおかしみさえ感じるほどの個性になっている。知人が、「早急に用立てる必要があって売りたい人がいる……」と父が弟子であることを知ってか、堂本印象の柘榴や桃のかなり秀れた作品を持ってこられた。余裕など何処を見ても無い我が家にあって、喉から手が出るほど欲しいその作品を、「そんなに安く、わしはよう買わん！」と父は答えたのだった。相場についてはわからないが、尊敬する師の作品は父にとってはもっと価値あるものだったのだ。

（出勤するわけではないから）家には父の腕時計以外、時計というものがなかった。今のように量販店で安価に入手出来る時代ではなく、中学か高校の何かのお祝いに買って貰うまでは、試験の時などはもっぱら父の腕時計を借りて行った。

そんな家に、ある日、ビクターのステレオが届けられた。左右のスピーカーの中央に、レコードプレイヤーが観音開きの扉の中に有難く収まっている。グリコの昭和シリーズのおまけに同型のステレオを見つけた時は、拝殿の前よろしく正座してカラヤンの指揮するウィーンフィルの「運命」や「英雄」を聴かされた時を思い出したりもした。ステレオを買ってもさくさく新しいレコードを買い求める余裕は無かったのか、「田園」が加えられたものの、しばらくはヴェートーヴェンの交響曲ばかりで子供には少し長く重すぎた。

「こんなん買いましたんや！」と、隣りのおじちゃんと父がおじさん同志、レコードを貸しあう様子には微笑ましいものがあった。この隣りのおじちゃんも素晴らしく腕の立つ、飾り団扇や扇を作る工芸師だったが、受けて貰って欲しいと言われる伝統工芸師の認定を、説得されるまで断っておられたらしい。京都老舗展のカタログの中に、今ではびっくりするような高値で紹介されている、季節の草花などを巧に切り抜いた美しい団扇作りの先駆者だったおじちゃんも、晩年は、「きっとこの人も清らかな『生』を過ごしてこられたに違いない」と思われる、白髪の仙人のようだった。

娘によると「ストレスの起因は殆ど人間関係に由来している」らしいが、五十数年前にはお隣に電話を取り次いでもらったりするのどかな人間関係さえあった。我が家に電話がひかれるまで、「(呼)○○○」の後に書かれたお隣の電話番号が、うちの連絡先として名簿に記載された。今や、名簿がお金儲けのための材料になる時代でもあり、瞬時に世界の見知らぬ人とでも繋がり得るツールを人間の頭脳は開発したけれど、それと同時に、多くの人が身近な人間関係にストレスを感じるほど、人の心は弾力を失ってしまったのだろうか。

中学の時、「民主主義とは?」と問われて、先生に指された同級生が「絶対多数の絶対幸福」と即答した。頭脳明晰な人の理解力にさすがと思った記憶があるけれど、今はあの解答の「多数」の内容にかなりの条件が付される必要があるように感じている。

私は点々が集まったような見た目の集合体が苦手だが、揃って絵文字を作ったり、足を高く上げて背筋を伸ばして集団が行進する様にもどうも耐えられない感がある。あまり諍いを経験することなく育ったせいか、とりたてた反骨精神を持ち合わせているわけでもなく、それなりの協調性もあるとは思っているけれど、実は一人で身も心も好きな所を漂っているのが好きだ。美や音に対する感性も、体力も脳力もみんな違う一人一人が、自由に発することの出来る自分の言葉や声を持って集まった、多数でないと真の幸福の岸には辿り着けないように思う。

連載の中のどこかで、是非触れたいと思っていたにもかかわらず、頁《ページ》から溢れてしまった人がもう一人いる。「関谷富貴（一九〇三～六九）」である。「自分の仕事は画家である夫・陽《タカシ・ヨウ》（一九〇二～八八）を世に出すことだから」と言って、その才能を認める周囲から発表を勧められても、生前一枚も発表しないまま、深く魅惑的な作品を二〇〇点近く残した女性だ。テレビの画面からですら、溢れるその魅力に誘われて、なんとか宇都宮まで日帰りの時間を作った。他に近隣の観光も少しは考えていたにもかかわらず、昼前に到着した栃木県立美術館に閉館まで「もう他はいいね」と私と娘を留まらせるほど凄い力を放って離さなかった。ご主人の陽氏の関係から入手したスケッチブックの半端な紙やクレパスで、周囲の人もどんな風に制作していたのか見たこともないという。残っているポートレートも品のいい主婦といった風貌だ。たぶん散歩の途中にでも出会った、叢に捨てられた瓶のようなものが抽象化されて、それは深く美しい作品になっていたりする。全ては富貴自身の内へ内へと入り込んで行く。人の認証や評価を求めるわけではなく、パウル・クレーもびっくりするような、奥へ奥へと深められた富貴の作品に、今のこの全てがお金にからめとられて行く時代のもつ卑しさの中にいて、背筋を正された思いがするのだ。

「女性たちの糸と針の造形」と副題がつけられた、韓国の風呂敷（ポジャギ、チョガッポ）、美しい刺繍の袋物（チュモニ）を高麗美術館の展示で見た時も、展覧会に発表するわけでもなく名を知らしめるわけでもなく、（名もなき）民衆が一針一針小さなはぎれをつないで作った一メートル四方ほどの布に、手の温もりのある美のリズムや息づかいを感じて虜になってしまった。

上手に宣伝されたものの前には長い長い行列が出来るのに、今、見るべきものと私が思う展示会場は案外ガランとしていることが多かったりする。映画もしかり……。凄い映画のスクリーンの前に人影はまばらだったりする。

流されないで、自分を信じる力を持ち続けた先人たちに魅了され影響を受けてしまった自分としては、時代の潮流に取り残された島の生活を楽しむしかない。仕組まれた情報からではなく、自分自身の心が見出した密けき美に寄り添って生きて行けることはワクワク、幸せなことではある。

映画の中ではあるけれど、お茶の極意を問うた古田織部（細川三斎？）の耳元に利休さんは「お好きになされませ」と答えていた。本当は好きにすることほど、その人の感性が見定められたり、責任を問われたりして恐いことはない。だからつい考えることを止めてみんなと一緒に同じ方向に歩いて行ってしまうのだろうけど、好きにする責任をもって生活していくことで画一的になって破壊されていく文化の、その破壊速度を少しは遅く出来るんじゃないかと思っている。

アナログ人間や手仕事は、絶滅危惧種として保護されるべきなのに、今日も明日も身体を使って働くしかない。何故かやっぱり美味しくて、美しいと感じるから。

川端知嘉子

本書は月刊「なごみ」連載
「御ちまき司　川端道喜とわたし」（二〇一九年一月号〜十二月号）に
加筆修正してまとめたものです。

川端知嘉子 かわばた ちかこ

「御粽司 川端道喜」代表。
（故）十六代川端道喜夫人。
創画会準会員。

川端道喜

京都市左京区
下鴨南野々神町2-12
☎075-781-8117
営業時間 9時30分〜17時30分
水曜定休（8月は全休）

カバー・菓子撮影
宮野正喜

ブックデザイン
くつま舎 久都間ひろみ

小さな暖簾の奥で
御粽司・川端道喜とわたし

2020年1月6日 初版発行

著 者 川端知嘉子
発行者 納屋嘉人
発行所 株式会社 淡交社
本社 〒603-8588
京都市北区堀川通鞍馬口上ル
営業 ☎075-432-5151
編集 ☎075-432-5161
支社 〒162-0061
東京都新宿区市谷柳町39-1
営業 ☎03-5269-7941
編集 ☎03-5269-1691
www.tankosha.co.jp

印刷・製本 株式会社ムーブ

Printed in Japan
ISBN978-4-473-04356-6